新版

策略九說

THE NATURE OF THE STRATEGY

策略思考的本質

統治說

價值說 ●效率說 ●生態說

●結構說 ●競局說

吳思華

FP3004

The Nature of the Strategy

策略九說

策略思考的本質

作　　　者	吳思華
特 約 編 輯	吳莉君

發　行　人	蘇拾平
出　　　版	臉譜出版
	台北市信義路二段 213 號 11 樓
	電話：(02)2356-0933　傳眞：(02)2341-9100
發　　　行	城邦文化事業股份有限公司
	台北市愛國東路 100 號 1 樓
	電話：(02)2396-5698　傳眞：(02)2357-0954
	郵撥帳號：1896600-4　城邦文化事業股份有限公司
	城邦網址：http://www.cite.com.tw
	E-mail：service@cite.com.tw
香港發行所	城邦（香港）出版集團
	香港北角英皇道 310 號雲華大廈 4/F，504 室
	電話：25086231　傳眞：25789337
馬新發行所	城邦（馬新）出版集團【Cité (M) Sdn. Bhd. (458372 U)】
	11, Jalan 30D/146, Desa Tasik, Sungai Besi, 57000 Kuala Lumpur, Malaysia
	電話：603-90563833　傳眞：603-90562833
初 版 一 刷	1996 年 9 月 1 日
二 版 一 刷	1998 年 3 月 15 日
三 版 一 刷	2000 年 9 月 15 日
三版十七刷	2003 年 8 月 15 日

ISBN　957-469-121-7

定價：400 元

策略思考的本質與邏輯

一門本土化的顯學

　　企業經營策略，又稱策略管理，近年來在國內管理學界和實務界都有儼然成為一門顯學之勢。這一趨勢的背後，乃和事實上我國企業經營環境的改變有密切相關。台灣的經濟發展，由早期從事單純的代工起家，發展到今天，竟然能以專精和彈性反應能力在世界上某些產業或其某些環節中居有舉足輕重之地位；在這過程中，包含了無數大小企業的起起落落和脫胎換骨。其間成敗，主要取決於策略抉擇上的判斷和貫徹執行，而非單純地埋首於成本和品質改善而已。在這種背景下，企業經營策略之受到重視，應該是很自然而然的事。

　　換句話說，國內有關企業經營策略思想和做法之發展，雖然其源起深受國外——尤其美國——之影響，並繼續汲取且受惠於他們的新知灼見，但在相當程度內也融合了本國企業的實戰經驗，使得這一領域逐漸成為國內管理學界和實務界具有最多共同交集的話題與共同辭彙之所

在。這不但反應在國內企業經營策略教學上和其他學科不同之處，也表現在本國個案採用日益增多之趨勢上。

個案教學與理論基礎

在企業經營領域內所發展的理論，傳統上主要以屬於功能性質者為其範圍與基礎，例如行銷、財務、人力資源或生產作業等學門；再者，屬於管理功能內特定課題，例如規劃、組織、領導、溝通、控制或決策之類。但是，自實務觀點，無論這兩方面理論如何高度發展，都未能解決企業為求生存與發展所面臨的經營策略問題。因為，後者所需要的，乃是「隨時面對複雜的情況，快速的做決策」、「這種近乎直覺的反應，常是企業主持人經驗、智慧、知識與閱歷經多年累積後的能力，很難模仿，亦很難言傳」，因此，「在學校中有關策略管理的教學常以個案方式進行，希望學習者能從不斷的討論中，自我體會策略決策的奧祕」。這說明了這門課程內容何以難教以及何以一般捨理論而重個案的道理，也因此引發了吳思華教授嘗試寫作他這一本《策略九說》的動機。

借用吳教授自己的話，他在政大教授企業政策等相關課程十幾年的經驗中，他發現，在以個案討論為主要教學方式過程中，「……同學們常有思考的瓶頸。他們很難針對每一個案例進行系統性的分析，更無法清楚的說明每一項策略決策背後的思考邏輯。」同時，他也發現，「在實務界工作的朋友也遭遇同樣的問題。」有鑒於此，吳教授在個案教學

以外，嘗試增加有關邏輯思考方面的教學內容，遂將已有的策略管理理論，益以他自己教學和研究的心得，寫作了這本《策略九說》著作。

本書內容，除自序、楔子、概說及附錄、跋以外，正文共分十章，一至九章分別探討「九說」中的一說，此即價值說、效率說、資源說、結構說、競局說、統治說、互賴說、風險說與生態說。最後一章則為〈策略規劃的動態觀〉。

九種不同的邏輯思考架構

探討策略管理課題，可自不同取向著手。依該書作者的歸納，可分為四個不同取向，此即程序取向、構面取向、類型取向和邏輯／本質取向。每一取向各有所長，亦各有所短。上述之「策略九說」乃屬於「邏輯／本質取向」下之九種學說，其目的為在環境與條件分析及策略決定之間，建立一種清楚的邏輯關係。雖然其中任何一說本身並不能為策略決策提供某種方案或抉擇，但是經出一套邏輯思考架構，可以幫助決策者對於特定環境下的關鍵要素及其間關係有更清晰掌握和了解，所以它們的價值並不僅限於提供策略管理的理論基礎而已。

自理論發展觀點，這些學說在文獻中出現時間有前有後，例如有關產業競爭與獨佔之「結構說」，以及建立在規模經濟與經驗曲線利益上之「效率說」，乃緣自較早期之經濟理論；「競局說」之發展則和作業研究或管理科學興起有密切關係；「生態說」則借取生物學之演進理論，用於說明組織如何適應環境以求生存的道理；再如「互賴說」之發

展，乃和近年來世界上大量出現的企業間策略聯盟、協力廠商、異業合作有密切關係，尤其適合於描述我國中小企業之特質與競爭優勢來源。

歸納、整合、應用

也正由於這些學說出現時間先後不一，而其理論淵源亦見分歧，一般各自散見於不同領域或文獻中，對於學習者十分不便。本書首先一大貢獻，即將這些理論個別整理歸納，予以扼要說明，使讀者一目瞭然。其次，本書亦更進一步嘗試將所列九說彼此間的關係，自企業之基本目標（「生存、利潤與成長」）出發，予以整合（例如以「生態」和「風險」兩說解釋或預測產業規模的成長與衰退；以「結構」、「競局」、「價值」和「資源」四說探討企業在產業中的競爭地位；以「效率」一說用於指導企業如何降低其內部生產成本，再以「統治」與「互賴」兩說說明企業自外部取得資源之成本）。經過這樣一番的剖析與綜合，使得讀者面對似乎眾說紛紜的各派理論，頓時有綱舉目張，瞭然於心之感。

最後，儘管本書內容應屬於理論性質，但仍然不忘所探討的理論在實務上的應用，這可見於第十章〈策略規劃的動態觀〉中。作者認為，策略九說之提出並不必對於傳統的策略規劃程序做任何基本上的改變，而是以後者為架構，嘗試增加一些以「九說」為基礎所發展出來的分析工具，用於描述策略構面，評估企業所面臨的優劣勢、機會與威脅，進行競技場分析以及評估策略方案等等。

整體而言，這本書不是為企業經營策略初學者而寫，也不能為尋求

即效者提供立即現成的答案。而是當我們面對錯綜複雜的策略情境不知
自何著手，或是當我們對於某些策略的成敗感到「知其然而不知其所以
然」時，本書讓我們看到一些途徑或線索，知道怎麼去思索和去探尋雲
霧後的眞相。我們深深感到，這正是目前我們所經常面臨的困境，感謝
作者經由這本書給予我們這方面適時的指引和幫助。

——本文原載於《中山管理評論》第五卷第三期，民八十六
年九月，頁697-99

【評介者簡介】許士軍，中華民國管理科學學會理事長。

三版序

時間過得很快，《策略九說》出版已近四年，二十世紀亦近尾聲。在千禧年末，將《九說》一書改版再印，實有相當的紀念意義。

從經濟發展的觀點來看，二十一世紀的來臨不只是時間的推移，更是經濟典範的改變，由於資訊科技的普遍應用、通訊網路的快速興起，使得人類的經濟活動已從傳統的工業經濟時代邁向以資訊與知識為核心的新經濟時代。

在新經濟中的知識型企業（產業），大抵具有以下幾點特徵：(1)附加價值高，有形原料在最終商品所佔的比例低；(2)資訊科技充分運用於經營活動中，而生產製造的重要性相對降低；(3)員工與顧客是企業最重要的資產，土地與資本不再是營運的重點；(4)研究發展的投資支出大幅增加，累積智慧財、快速推出新產品，是企業成功的重要因素。

簡言之，以知識為基礎，持續不斷的進行創新，是新經濟時代的基本經營邏輯。當然，創新不僅發生於原材料、生產製程或產品設計，同時出現在倉儲物流、管理制度，甚至經營策略各個層面。網路公司、軟體（IC）設計公司、生物科技公司快速興起，以及教育訓練、專業顧問、藝術休閒活動的產業化，都是新經濟時代的代表。一般業者在研究

新經濟時代中的成功企業時，策略創新或獨特的經營模式（business model）已成爲其中最重要的課題。

由於科技改變了產業運作的遊戲規則，策略創新有了更大的發揮空間，尤其是在網際網路業中，正確的經營模式——而非技術——才是成功的關鍵。當然，新的經營模式的出現，亦讓我們必須以更審愼的眼光，重新檢視過去所建構的策略理論知識脈絡。

從這幾年個人的研究心得來看，《策略九說》書中所提出的策略三構面：範疇（產品市場、活動組合、地理構形、業務規模）、資源（資產、能力）與網路（成員、關係、位置）大抵仍然可以完整的勾勒出知識型企業的經營模式，亦是策略創新時，最重要的思考軸向。只是資訊網路的普遍運用，讓企業與周圍夥伴（含顧客）間的關係更爲複雜而多元，使得企業的營收來源、收費對象與收費方式有更多不同的組合，讓策略創意者有機會爲社會帶來更多的驚奇。

在策略創新的基本知識方面，本書中所建構的九說是從基本理論出發，陳述策略的本質：價值、效率、資源、結構、競局、統治、互賴、風險、生態。這些邏輯大致仍能有效的協助決策者，掌握新時代的挑戰、進行策略推衍、建構新的經營模式。當然，知識經濟時代一些重要的經濟法則，如乘數擴張法則、邊際報酬遞增法則、正向回饋法則、贏家通吃法則等，雖然在九說中亦曾提及，但由於客觀環境不同，這些邏輯的重要性大幅提高，讀者在思考知識型（網路型）企業的經營策略時，必須特別注意這些改變。

回首過去十年，人類在知識創造、累積與加值的速度都大幅加快，終至形成今日知識經濟的風潮，企業經營與策略理論亦復如此。因此，

我們必須以全新的心情來面對未來的發展。當然，知識的進展都有脈絡可循，創新更須以過去的知識為基礎，才能加速創新的速度。個人以這樣的心情整理新版《九說》，因此在內容方面，只在幾個地方做小小的修正，並增加兩篇和主題直接相關的附錄專文，其餘都未加以更動，用以維持九說既有的觀點，希望幫助讀者掌握策略的本質。在編排上，則改採橫排形式，希能更符合專業讀者的閱讀習慣。至於最近幾年的研究心得，則準備以另一本書的形式來完整的呈現。對個人而言，《九說》的再版應是另一項創作出版的具體承諾，希望這個日子很快到來。

再版序

　　麥田出版公司於年前通知筆者將於年後再版《策略九說》，心中難掩些許的興奮。這本以學術人心情寫的管理小書，能在短短一年多之間印了五刷，得到讀者很多的回響，確實是不錯的成績，個人也為台灣的學術創作市場日漸成熟感到高興。據出版社告知，這本書的讀者除了企管系所學生、企業界主管外，也廣受政治、公共行政、社會、新聞等其他領域老師的推薦。個人除了感謝他們的厚愛以外，心想若能夠因為這本書而引發各個學門間的對話與交流，確實也是一件很好的事。

　　《策略九說》嘗試探索策略的本質與邏輯，這個想法早出現於七十二年撰寫博士論文時。拿到學位開始教書後，這個問題仍一直在心中環繞，尤其在個案討論的教學中感受到同學們思維邏輯的障礙，更覺得有此需要，乃認真研讀其他領域之專著，亟思突破。民國八十年整個想法略見雛形，便開始和個人指導碩士論文的同學共同觀察台灣企業的實例，加以比較分析，並進一步釐清細部的觀念。民國八十二年在學術研討會中，發表此一想法，隨後並在雜誌上連載，和社會大眾分享這些知識。

　　這本書雖遲至八十五年才出版，但由於想法早形成於五、六年前，

因此無論從實務、或從學術的觀點來看，都有進一步發展的空間。本書準備再版時，如何改寫本書亦曾在腦中盤旋許久。但是一則因為時間有限，雖早已有新的架構與思維，都很難在短期內完成；一則因為對原創時的歷程與心情仍有些依戀，因此只在正文中做了幾個小地方的修正，基本上仍然希望它能夠維持本來的面貌。至於進一步的創作就做為下一階段的工作計畫，所幸九說談的都是最基本的理念與邏輯，對讀者而言相信仍有很高的參考價值。

《策略九說》再版書中主要增加了一篇專文評介與兩篇附錄，專文評介是由許士軍老師執筆，這一篇文章原係許老師為《中山管理評論》所寫的學術評介，謝謝許老師在文中的指導與鼓勵；另兩篇附錄則是筆者過去兩年來所寫的通俗文章。其中，〈波特的策略競爭理論〉除了介紹波特教授重要的著作與策略發展階段外，更希望藉此對他在策略理論與實務聯結中所做的貢獻表達敬意；〈資源與網路——高科技產業的策略邏輯〉一文是針對這幾年來快速發展的高科技產業的經營之道提出一些書生之見。當然這兩篇文章也都一再建議讀者在進行策略思考時，其重心應從傳統的「營運範疇」擴大到「核心資源」與「事業網路」，在面對動態環境挑戰、知識密集的產業中，後兩者往往比前者更加重要。

最後，藉《策略九說》再版的機會，謝謝內人淑婉與小女孔琪長期持續的關懷與支持，更謝謝翠娥與梅淑在工作上的協助，讓筆者在忙碌的教學與行政的日子上，仍能找到一點點寫作的時間。

自 序

　　近年來，企業的經營策略無論在實務上或理論上，均呈現跳躍式變化。許多商管書刊經常介紹策略管理理論最新發展，但是，由於譯介的書籍文章彼此間是獨立的，很難感受到策略管理理念一貫而整體的風貌，更難將嶄新的觀念轉換成對個案分析或實務作業有用的分析工具。

　　筆者在政大教授企業政策等相關課程已有十三年的光景，這些課程多以個案討論為主要教學方式，但在教學過程中，常常發現同學們有思考的瓶頸。他們很難針對每一個案例進行系統性的分析，更無法清楚的說明每一項策略決策背後的思考邏輯。近年來，筆者有機會參與實務界的策略規畫討論，發現在實務界工作的朋友們也遭遇同樣的問題。

　　為了教學上的方便，筆者嘗試撰寫這一本討論策略管理理論的小書，希望對初學企業經營策略的在校同學或從事策略規畫的企業工作者，有一些實際的幫助。本書由於是以實用為出發點，因此在撰稿時盡量口語化，有關註釋的寫法，亦不如一般學術論文來得嚴謹。但全書畢竟蘊涵相當多的理論，所以讀來可能還是不太輕鬆。

　　《策略九說》這本書，除了將近年來出現的策略管理理論以系統化的方式呈現外，還包括個人這幾年來在策略管理領域教學與研究的一些

心得，部分的內容曾於八十二、八十三年間，在《世界經理文摘》（八十五至九十六期）連載過。全書共包括「**九說、三構面、四個競技場**」三個核心理念，其中，「三構面」在說明策略決策的內涵（企業在從事策略規畫時，該做哪些決定？）；「九說」在探討企業策略的本質與思考邏輯（企業在從事各項策略決策時，所依循的準則為何？）；「四個競技場」則嘗試建立一個觀念性架構，藉以描繪企業與競爭者間所形成的動態競爭關係。表面上來看，這三者是相互獨立的，但實際上均以「九說」為核心。有關這三者的關係，筆者在書中將有較詳盡的說明。如果用簡單的話來說，「構面」與「本質」彼此互為表裡，二者結合便形成一個策略分析矩陣，可以分析所有的策略決策情境；而四個競技場的八個軸面，則是將九說的本質重新加以抽象組合，以顯現策略理論與實務在不同時空下的不同考量。

藉著本書出版之際，要感謝政大師長許士軍老師、林英峰老師、劉水深老師、吳靜吉老師、司徒達賢老師等人，過去多年來在筆者學習與工作歷程中的指導與提攜。政大重視教學的傳統，讓筆者有更多的機會思考，如何將經濟學、社會學等各個領域中較完美的理論轉換成有用的企管知識。也謝謝過去幾年來一起做研究的同學們，和他們所共同進行的各項研究，不僅豐富了個人對策略理論的思考，同時也使得研究過程充滿創意與成長的喜悅。當然，《世界經理文摘》的黃宏義先生，應是這本書得以順利問世的最大功臣，如果不是他多番催促筆者寫專欄，這本書是不可能完成的。

策
略
九
說

目錄

〈專文評介〉策略思考的本質與邏輯 ……… 許士軍　　3

〈三版序〉　9

〈再版序〉　13

〈自序〉　15

楔子　策略理論的內涵　25

第0章

策略三構面　　　　　　　　　　33

策略的意義

策略三構面

構面間的關聯

策略類型

策略的邏輯與本質

附錄一　資源與網路──高科技產業的策略邏輯　63

第1章

價值說　　　　　　　　　　77

價值形成的要素

價值核心的策略邏輯

差異化：價值的創造

結語

第 2 章

效率說   99

規模經濟

經驗曲線

範疇經濟

結語

第 3 章

資源說   123

策略執著

核心資源

資源基礎的策略邏輯

結語

第 4 章

結構說   145

結構影響績效

獨佔結構的觀察

獨佔結構的策略邏輯

結語

附錄二　波特的策略競爭理論   167

第 5 章

競局說　　　177

競局的靜態分析

競局的動態分析

攻擊策略

防禦策略

競爭訊息與訊號

三位體理論

結語

第 6 章

統治說　　　207

資源統治

交易成本理論

資源統治的策略邏輯

交易成本的管理

結語

第 7 章

互賴說　　　229

產業合作網路

事業網路策略

結語

第 8 章

風險說   251

定義與類型

來源與本質

對抗策略

結語

第 9 章

生態說   273

產業的生與死

生態說的核心理念

組織惰性──變革的阻力

組織生態策略

結語

附錄三　不確定時代的經營策略　297

第 10 章

策略規劃的動態觀　　　311

　傳統規劃程序

　動態策略規劃

　結語

　　　附錄四　運用「四競技場」分析動態競爭策略　339

　　　跋　策略的哲學觀　349

　　　參考文獻　357

策略九說

策略思考的本質

策略理論的內涵

　　策略管理（或稱企業政策、經營策略）在企業的經營活動中扮演著非常重要的角色，但在一般人的心目中，常覺得不容易學習。究其原因，一方面是因為策略管理屬於「老闆的學問」，需要隨時面對複雜的情境，快速的做決策。這種近乎直覺的反應，常是企業主持人經驗、智慧、知識與閱歷經多年累積後的能力，很難模仿，亦很難言傳。另一方面，策略管理的學術發展不如行銷、財務、人事等其他學門來得快速與豐富，由於知識尚未構成體系與邏輯，較不易接近而學習。因此，在學校中有關策略管理的教學常以個案方式進行，希望學習者能從不斷的討論中，自我體會策略決策的奧祕。但是這種學習的方式，因為不能言傳，總覺得有些不足。

　　這幾年來，由於相關領域知識的發展與整合，使得策略管理本身的內涵逐漸豐富。美國策略管理學會出版之《策略管理學報》（*Strategic Management Journal*），至今十五年，已逐漸成為一本極具學術地位之期刊；又如國內發行之《世界經理文摘》，每期譯介之企業策略文章來源寬廣，且均擲地有聲，均約略可以證明以上的看法，亦顯示策略管理具有豐富的內涵與系統的思考，已可視為一個獨立完整的學門。當然，對

學習者而言，此現象代表著「策略管理」這個學門有接觸的必要，亦更有接近的可能。

策略管理學派

要認識策略管理理論，應先了解其主要的學派。策略管理的內涵雖已逐漸豐富，但至今尚未形成正式的學派，筆者〔民82〕* 根據個人主觀意見，將有關策略管理課題依探討的取向（approach）分成四個不同的學派，以下簡單說明之。

程序取向

本學派是最早出現的策略管理理論，主要在探討策略規劃的程序，常見的 SWOT（strength, weakness, opportunity, threat）分析架構是其最具代表性的。有關策略規劃的程序，各學者的建議雖不盡相同，但內容卻大同小異，大致而言均可分成以下三大階段：

1) 策略情境分析：分析外部環境態勢與本身條件，以掌握當前及潛在之機會威脅，並確認本身之相對優劣勢。

2) 策略訂定：針對外部的機會威脅，並配合本身的優劣勢，研擬可

---

*詳見本書後之〈參考文獻〉（以下各章有出現此中括號者皆同）。

行策略，並進一步加以評估，選定最適當的總體策略與事業部策略。

3）策略執行：配合選定之策略，調整組織結構、控制制度與各功能部門之策略，同時嘗試孕育出一個能配合新策略推動之企業文化與組織氣候，然後採取具體的行動逐一執行。

由於程序學派主要在說明作業的流程，隨著經驗的累積已逐漸形成完整的查核表與作業表格，純就書面作業言，已大致足供實務之需要。但是，表格無法說明作業前後的關聯性，許多在校學生與實務工作者，遵循制式表格依樣畫葫蘆的結果，常出現分析與結論前後不呼應的情況，可以說空有架式、欠缺血肉，做出來的分析報告不能產生實質的效果。

構面取向

從事策略規劃的實務工作或理論學習過程中，任何一個策略決定者均須先清楚的知道，哪一些事情「應該」決定、「可以」決定且「必須」決定，才能進一步探討「如何」去做決定，當然，這些決定對企業的生存、成長與利潤均有關鍵性的影響。上述這些待決定的企業策略具體內容，筆者稱之為「策略構面」，熟悉這些內容並進一步發展出相關知識的學習方式，就稱為「構面取向」。

傳統的策略研究以企業的營運範疇為核心。近年來，許多學者認為不敗競爭優勢的建立，以及維持企業組織與周遭環境中事業夥伴的良好

互動關係，是另兩項影響重大且應有效掌控的策略課題，因此，筆者將策略構面重新歸納整理為「營運範疇」、「核心資源」與「事業網路」三大類。就如同前面所描述的，策略決策者應將這些決策構面牢記在心，並在實務分析中時常加以練習，自然就能夠熟練。

類型取向

從企業決策者的觀點看策略問題，除了關心該「決定」什麼事情外，另外更值得關心的應是，有哪些可能的方案。因此，許多學者嘗試將實務上的策略作為加以歸納，而成為許多不同的策略類型，例如，產品發展策略、市場發展策略、垂直整合策略、多角化策略、水平購併策略、合作聯盟、國際化策略等等。大家所熟悉的哈佛大學競爭策略學者波特（Michael E. Porter），所提出的差異化策略、低成本策略與集中化策略，則是晚期較具代表性的策略類型分類。

由策略類型著手，可以清楚感受到策略的外觀與具體作為，使得決策者在執行層面得到更多的指導。但學者在分類過程中，為使各類型間的差異較明顯，以便於學術研究的進行，常常忽略了原本具有實質影響的策略間細微做法。從實務觀點看，這種取向的研究結論常能產生響亮的口號，卻有無法落實的缺憾。

邏輯／本質取向

學習策略者熟悉了策略的構面與策略程序後，已清楚掌握到策略決

策的規劃流程與關鍵點，接下來的課題便是，如何面對複雜的外部環境與內在條件情境，進行上述的決策。由於上述的情境並不容易加以簡單的歸納，在實務中常會遭遇到思考與推理的困境。換言之，如何在環境與條件分析及策略的決定間，建立起清楚的邏輯關係（即在什麼樣的環境、什麼樣的條件下，該採什麼樣的策略），是大家所共同關心的課題。

　　為了突破此一瓶頸，許多學者嘗試對策略的本質做更深入的了解，以突破策略形成的思維禁地。仔細觀察策略的目的，原在追求企業的生存、利潤與成長，而傳統的社會學與經濟學對企業的生存與利潤等相關課題，均早有深入的探討。由於這兩個學門的理論發展遠較企業管理為早，因此，從基本的社會與經濟現象思索，並運用經濟學與社會學發展較成熟的理論，如社會學中的組織生態論（organizational ecology）、機構論（institutional theory）、資源依賴論（resource dependence theory）、演進論（evolutionary theory）、網路理論（network theory）以及經濟學中的產業組織學（industrial organization）、競局理論（game theory）、廠商理論（firm theory）、交易成本論（transaction cost theory）、資訊經濟學（information economics）、財產權（property right）等理論，來探討企業經營策略的課題，確有助於吾人對策略本質做更深一層的認知與了解。目前，這個取向的學術研究正蓬勃發展，逐漸形成策略管理學門的理論基礎，筆者將這些理論加以歸納，統稱為「策略的本質」。

　　在策略的本質中，經過多年來實務個案的觀察與演練，筆者個人認為，大致而言可以歸納為九個較重要的學說或邏輯，筆者將其簡稱為「策略九說」。這亦是這本書名的來源。

以上的說明，希望能夠幫助讀者在接觸本書前，先對策略管理的內涵有較完整的認識，了解「策略九說」在策略管理相關理論中的地位。就本書所準備介紹的「策略九說」（或稱策略本質）而言，有幾個觀點是值得再一次特別強調的：

一、策略程序、策略構面、策略類型和策略本質等四個取向的思考與觀察，對實務工作均有一定的價值，且彼此形成互補的關係，學習時應面面俱到，不宜偏廢。尤其是「本質」和「構面」兩項，一為內隱邏輯的思考，一為外顯的決策結果，二者呈明顯的互補關係。如果不能掌握最後的關鍵決策點，則嚴謹的思考邏輯常只是流於空想而已。

二、「策略九說」的每一說均有相當程度的理論基礎，並非泛泛的管理原則而已。吾人在學習策略各說時，應深刻的體會每一學說對策略課題思考的本質與邏輯，不宜將其視為金科玉律，牢記死背而已。尤其是策略構面和「策略九說」之間，前者指出決策點，後者說明決策的邏輯，彼此間形成理想的互補關係，在學習過程中應隨時相互對照，勤加演練，對於策略理論的學習才會有更大的幫助。

三、依循每一個學說推理而得的策略建議不盡相同，有時候，某些理論在某些特定情境下彼此間甚至是矛盾的，但這並不影響理論的價值，因為，理論最大的貢獻在於，以有條理、可學習的方式，豐富吾人的思考空間，讓決策者能尋得更寬廣的可行方案。換言之，學習時，吾人固應留意理論的不完美處，但同時應更深入去體會理論的價值。保持這樣的心情，才能讓吾人接納更多更有用的學說，做為決策的工具。

四、「策略九說」只是一套套抽象的思考邏輯，這些邏輯通常具有內部的完美性，但無法針對特定的環境逐一發展，因此，學習者必須具

備靈活運用的能力，讓理論確能解決實務問題。為達到這個目的，在學習過程中應經常強調理論與實務的融合，具體的做法包括：(1)練習舉出實例說明理論的意義；(2)運用理論解釋實務中的現象；(3)運用理論分析實務個案，嘗試尋求一個可行方案。透過這些方法，將能幫助讀者熟悉理論的內涵，而使理論成為一項有助於實務問題分析的工具。

　　五、「九說」所提供的各項理論與分析工具，都只能幫助策略決策者釐清事實資料與思考邏輯，但還無法完全取代策略決策者對矛盾事情的巧妙安排，以及對混沌未來的精確預知，這些還需要依賴決策者個人的創意與膽識。有了九說的理論架構後，多讀企業史書應是另一項重要的學習課程。

　　有了以上的基本認識後，那麼就讓我們以開闊的胸襟去接納、體會每一個策略學說的特殊之處吧。

策略三構面

從事策略規劃時，
透過「範疇、資源、網路」這三大構面，
可以清楚的勾勒出企業的圖象。

策略的意義

觀察全世界的企業發展史,可以清晰感受到企業的興衰起伏。以台灣企業為例,曾經是台灣經濟重要支柱的國營事業已逐漸沒落,代之而起的則是聯華電子、宏碁電腦、統一超商(7-ELEVEN)等新興企業。如果仔細分析這些成功企業的作為,大致可以發現它們的成功都有一定的道理,並非只是機運或偶然。

更進一步言,任何一個企業或組織所擁有的資源均是有限的,成功的企業經營必代表它們能夠妥善運用這些資源。要能夠有效的運用資源,就必須有一套整體的思考,尤其是在目前競爭激烈的環境中,如果不能夠盱衡全局,因時、因地制宜,採行適當的策略作為,則企業很難有出人頭地的機會。因此,思考企業未來的發展方向、勾勒發展藍圖、採取適當的經營作為,便是任何一位企業主持人所應關心與重視的課題,這些決策可以統稱是企業的「經營策略」。

企業透過經營策略的決定對未來的發展產生主導功能,對企業營運的每一個環節都會產生實質的影響,因此企業經營策略的意義可以從不同的面向來觀察與描述。為此,在說明策略的意義前,先簡單描述企業營運的循環,以做為進一步討論的基礎。企業營運循環可以圖0‧1做簡單的說明。

任何一個企業的營運,都需要投入適當的資源,這些資源包括人力、物力、財力等;企業運用這些資源進行各項經營活動,包括研發、

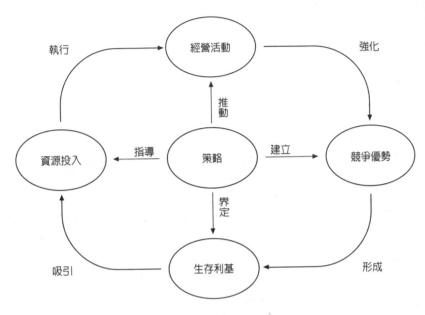

生產、製造、配送、行銷等等；經營良好的企業往往能夠藉由這些系列的經營活動形成良好的競爭優勢，而這些條件自然成爲企業永續經營的最佳憑藉。企業掌握了良好的生存憑藉後，可以吸引更多的資源投入，使得企業能夠朝良性的方向循環發展。

　　在傳統的策略理論中，策略界定企業的生存利基（niche），因此策略的功能主要在思考並尋找企業的生存憑藉。但是從企業營運循環中我們可以理解，資源投入、經營活動、競爭優勢與生存利基四者息息相關，因此從各個不同的層面切入，均可以看到策略的影子，理解策略的意義：

　　一、從資源投入的觀點看，策略具有指導內部重大資源分配的功

能。每一個企業對於資源運用的方式不盡相同，觀察企業分配資源的方式，便大致可以知道企業的策略重點。例如，甲企業將資源主要用於研究發展，乙企業主要將資源用於市場開發，這兩個企業的策略顯然是完全不同的。

二、從經營活動的觀點看，任何一個企業的經營構想，均需要透過企業內部的系列活動才能具體實現。因此，企業目前推動的系列活動，便是該企業採行策略的具體表徵。例如，企業全面長期推動品質改進計畫，由此便可了解其目的之所在。當然，有策略意義的活動必須是能持續推動的系列活動，若只是單一事件的安排，不能構成策略的價值，亦無策略的意義可言。

三、從競爭優勢的觀點看，策略作為的目的在建立並維持企業不敗的競爭優勢。因此，企業為消費大眾或同業推崇的特點，例如，甲公司業務橫跨五大洲，乙公司的配銷體系健全而完整，均是企業經營策略的具體表徵。

四、從生存利基的觀點看，企業處在競爭的環境中，必須要衡量外在環境與本身的條件，尋找到一個適當的利基做為生存的憑藉。例如，萬客隆以大賣場、低價的方式招徠消費者，而統一超商則以消費便利來滿足顧客，兩者的生存憑藉不同，亦顯示出兩個企業不同的經營策略。

綜合以上的說明，吾人可以理解，策略是企業主持人或經營團隊面對企業未來發展所勾勒出來的整體藍圖，透過這個整體描述，策略至少可以顯示以下四方面的意義：

1）評估並界定企業的生存利基；

2）建立並維持企業不敗的競爭優勢；

3）達成企業目標的系列重大活動；

4）形成內部資源分配過程的指導原則。

策略三構面

由於策略規劃的目的是要勾勒出企業未來發展的方向，因此要了解
企業的經營策略，除了上述一般性的意義外，還應進一步探討策略的實
質內涵，才能具體的來進行規畫，所以尚須將策略進一步加以解剖。這
些經過解剖後的細項，筆者稱為「策略構面」。

傳統的策略研究以企業的營運範疇為核心。近年來，許多學者認

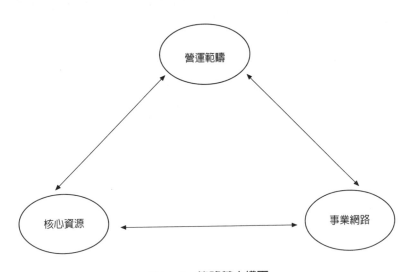

圖0‧2　策略基本構面

為，不敗競爭優勢的建立以及維持企業組織與周遭環境中事業夥伴的良好互動關係，是另外兩項影響重大且應有效掌控的策略課題，因此筆者將策略構面重新歸納整理為「範疇、資源、網路」三大部分，亦即包括「營運範疇的界定與調整」、「核心資源的創造與累積」以及「事業網路的建構與強化」三項主要工作。

從事策略規劃時，透過這三大構面可以清楚的勾勒出企業的圖象，因此，策略決策者應將這些構面牢記在心，每一次遇到策略的決策情境時，就反覆思考這些構面可能的改變。藉著策略各個構面的檢討，一方面可以刺激產生很多新的策略創意，一方面也可以重新形塑企業未來的圖象，是學習策略時第一項主要的功課。有關策略構面的詳細內容，以下進一步加以討論。

營運範疇的界定與調整

企業存在的基本正當性，主要是來自於企業的營運活動能為社會創造價值。因此，適當界定營運範疇，並且配合環境變遷隨時加以調整，產出顧客所需要的產品或服務，便成為策略決策者的首要課題。營運範疇的勾勒是企業具體的外顯表徵，這些表徵顯現在以下幾方面：

■產品市場

任何一個企業對於未來經營藍圖最具體的表達方式，便是描述本企業所提供的產品或服務的內容，以及所選定的目標市場。管理大師彼得‧杜拉克曾說：「企業長期規劃最主要的工作是在回答：『我們的業

| | 市　　　場 | | | | |
產 品	民營企業	政府及公營企業	軍　方	家庭及個人	教育及研究機構
套裝軟體					◎
轉鑰系統					◎
系統整合		●			◎
專業服務	●	●	●		◎
處理服務					◎
網路服務					◎

●：過去的策略定位　　◎：未來的策略定位

圖0・3　「產品市場」策略構面調整示意圖

務是什麼？』『將來的業務是什麼？』『將來的業務應該是什麼？』」這個說法清楚地提醒經營者，應隨時在產品市場的範疇中思考未來可能的變化，並有一清楚的勾勒。

由於任何一個企業在考量產品（服務）組合與選擇目標市場二項決策時，彼此間需要完全緊密的配合，因此筆者將其合成一個策略構面，以強調二者的對應關係。

在實務中，各個產業的市場區隔標準與產品分類方式不盡相同，無法以簡單標準做統一的規範。但大致來說，都可以以一個產品市場矩陣來顯示企業目前的定位與未來調整的方向。圖0・3顯示的是，某一家軟體公司目前及未來產品市場定位的改變狀況。由圖0・3中清楚可知，該公司計畫逐漸從目前以「系統整合」與「專業服務」為主的兩條產品線，逐漸轉向以全產品線提供教育及研究機構市場。

在產品市場矩陣分析中，不同的產品市場區隔方式，會帶來完全不

同的競爭情境與規劃方向，對策略思考有很大影響。因此，尋找最恰當的區隔標準本身，便是一項重要的策略課題。以圖0·3為例，市場部分亦可依使用者對電腦的熟悉程度加以區隔。然後以這樣的方式進行策略規劃，如此，企業所形成的未來策略，便可能得到完全不同的結果。

■活動組合

企業在提供產品或服務時，其內部係經過一連串生產與作業的過程。例如，成衣業需要經過紡紗→織布→染整→製衣等階段，而每一個階段又可分成原料採購、設計、製造、倉儲配送、行銷品牌、零售通路等各個不同的活動。這些活動對最終的顧客而言，均有附加價值，因此簡稱為「價值活動」，而整個企業或產業則是一連串價值活動的組合，一般通稱為「價值鏈」。企業在勾勒未來的營運範疇時，應重新思考：目前從事的各項價值活動是否為最佳的活動組合？如果重新調整這個組合，對本公司未來的發展是否會更加有利？

以圖0·4為例，該圖中所顯示的是某一家紡織公司在活動組合方面的策略改變。該公司目前的業務採一貫整合作業的方式，但是染整及各階段的設計活動均未涉足；未來，公司希望放棄勞力密集的成衣製造，但加強織布與染整的設計能力，並設法掌握最終成衣的品牌和銷售。

企業在規劃未來的活動組合時，切割價值活動本身是一項重要的工作。一般而言，價值活動的切割應遵循以下兩個原則：(1)該項活動對最終顧客的價值增加是有助益的，亦即該活動具有明顯的附加價值；(2)該價值活動的核心技術和其他活動有明顯的不同，必須以不同的運作系統

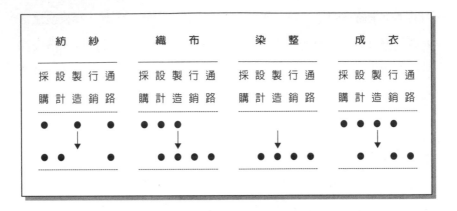

圖０·４　「活動組合」策略構面調整示意圖

或組織設計來回應。符合以上兩個原則，在進行策略分析時，便應將其視為單一的活動。

■地理構形

　　企業在思考未來的發展方向時，除了考量業務內容、安排前述各項價值活動外，這些活動在世界版圖上的地理分布狀況，亦是一項重要的決策構面。近年來，國內許多企業常思考如何分散原料來源與銷售市場，並在世界上不同地點建立研發中心與營運基地，便是考慮調整該企業價值活動的地理構形。

　　由於地理構形的考量需要配合每一項企業的價值活動，因此，除了在世界地圖上標示外，亦可以形成另一張「活動／構形」地圖，藉以清楚的表達企業在這兩個構面上未來發展的構想。

　　以圖０·５為例，該軟體公司過去所有的價值活動均集中在台灣，

		價　值　活　動							
		創意	系統分析	程計設計	產品設計	品牌	推廣	配銷	服務
地理區	台　灣	●	●◎	●	●◎	●◎	●◎	●	●
	歐　洲	◎				◎	◎	◎	◎
	美　洲	◎				◎	◎	◎	◎
	大　陸			◎		◎			
	東南亞					◎			
	非　洲								

●：目前的策略定位　◎：未來的策略構想

圖0‧5　「地理構形」策略構面調整示意圖

未來則嘗試建立全球品牌知名度，並準備將程式設計工作轉移到大陸，同時，在歐美各地尋找合作夥伴提供產品構想，共同開發市場，以達到進軍世界的目標。

■ **業務規模**

　　規模成長是企業在發展過程中追求的重要目標，因此，一般的企業常以成長目標做為勾勒未來發展藍圖的方式。例如，宏碁集團期望在「公元二千年達到四千億營業額，二十一世紀有二十一家上市公司」，便能夠以很簡單的文字清楚勾勒出該公司未來發展的藍圖。

　　實務中，常用來表達企業業務規模的指標包括資源投入和業務產出兩部分，但不外乎資本額、員工人數、營業額、市場佔有率、利潤、獲利率等指標。

　　從策略的觀點看，單一整體的指標簡單明瞭，是企業對內部員工與

市　　　　場

	民營企業		政府及公營企業		軍方		家庭及個人		教育及研究機構	
	現在	未來	現在	未來	現在	未來	現在	未來	現在	未來
套裝軟體									0	6
轉鎰系統									0	2
系統整合			7	0					8	9
專業服務	2	0	5	0	9	0			5	8
處理服務									0	5
網路服務									0	10

產品

〔註〕：欄中數字代表營業額（單位：百萬元）

圖0‧6　「業務規模」╱（產品市場）策略構面調整示意圖

價　值　活　動

		創意	系統分析	程式設計	產品設計	品牌	推廣	配銷	服務
投入	人力 *	＋5	＋5	－10	＋2	＋2	＋1	＋1	＋5
	資金 **	100	50	0	40	30	20	40	10
產出	自用 **	900	700	100	500	100	500	100	100
	外售 **	100	300	0	150	0	0	0	0

營運規模

＊：千人　　＊＊：千元

圖0‧7　「業務規模」╱（價值活動）策略構面調整示意圖

外界人士很好的溝通工具。但是這些指標不能更清楚的顯現企業未來努力與資源分配的重點，因此業務規模應和產品市場矩陣或價值鏈分析配合使用，才能更清楚顯示企業未來的策略意圖。

　　圖0・6是將企業目前及未來在各個不同的「產品／市場」區隔中所佔的營業與獲利比例清楚的顯示出來，由圖中的數字可以得知該公司的業務重點將有明顯的調整。

　　圖0・7則是將企業的業務規模依不同的價值活動來陳述，其中規模同時以投入與產出兩部分來顯示。投入部分以人力與資金表達，顯示企業未來在各個不同價值活動上所投入或增減的人力與資金，可以看出公司資源運用的狀況；產出部分則區分成自用與外售兩部分，前者係指這部分價值活動的產出進一步供公司加工使用，後者係指這部分價值活動的產出直接銷售給外部顧客。這種表達形式，除了可以客觀的說明該公司在每一活動上的全部成果外（自用的部分亦是該價值活動一部分的成果），亦可清楚的顯示公司的整合程度，對於策略規劃過程的思考與策略結果的表達均有實質的幫助。

核心資源的創造與累積

　　適當的營運範疇能夠為企業帶來利潤，但是，策略係以企業的長期利益為考量指標，自然希望日常營運活動除了帶來年度利潤外，還能夠持續的創造與累積一些核心資源，以建立不敗的競爭優勢。這好像每一個人都希望日常工作除了有些收入以維持家庭的溫飽外，還能夠在生命的每一個階段都給自己留下一些經歷或體驗。人們在生命各階段中努力

創造的成果，可能只是爲了留下美好的回憶，證明不虛此生；而企業日常所累積的資源，則將會成爲企業永續經營的基本憑藉。由於資源通常累積在企業的內部，對外人來說，除非企業本身常有大動作，否則並不是很容易觀察到一個企業眞正所累積的資源內涵與質量，因此，核心資源具有相當內隱的特質。

從企業經營的觀點看，所謂資源包括資產與能力兩大項，前者係指在特定時點可清點的有形資產（如土地、機器設備、資金）與無形資產（如商譽、專利、資料庫等），後者則係有助於企業基本運作的組織能力（如業務運作程序、技術創新與商品化、組織文化、組織記憶與學習等等）與個人能力（如專業技術、管理能力、人際關係網路等）。有關資源的內涵，在〈資源說〉中會有詳細的討論，讀者可以自行參閱。從資源有限的觀點看，企業在創造或累積資源時，同樣必須有一些重點，才能持之以恆、形成特色，而這正是策略決策者另一個重要的策略課題。當企業累積了某些資源後，營運範疇的調整才有思考的空間，這好像有兵、有將、有戰車以後，孔明才有用智之處。如果一切資源都沒有，則企業所能做的，只不過是環境的回應器罷了。

從務實的觀點來看，釐清企業目前擁有的資源，同時思考未來的核心資源，亦是一種勾勒企業未來發展藍圖的方式，這種方式或許不如描述營運範疇來得具體而響亮，但卻更能凸顯企業未來應努力的重點，對企業發展實有相當大的價值。

更重要的是，目前許多產業的環境變遷非常快速，市場、產品、技術、法令與產業疆界都呈現出高度不確定的狀況。對企業而言，勾勒五年或十年以後營運範疇的企圖實瀕臨重大的挑戰，成爲一項很難執行的

任務。企業處在這種環境中，應以強化本身的體質做為最重要的策略考量，如此才能因應各種環境的挑戰。由此可知，核心資源的創造與累積，已成為一項非常重要的策略課題。

企業為了能夠清楚的展現目前所擁有的核心資源，同時顯示未來期望的變化，應該仿照一般的資產負債表編列一份資源變動表（如**表0‧1**所示），最理想的情況是，所有的資源都能以數字來呈現，同時以相對的方式表達本企業和競爭者之間的相對地位。

表0‧1　核心資源變動表

	現　在	未　來
有形資產		
‧土地廠房		
‧機器設備		
‧金融資產		
無形資產		
‧品牌／商譽	◎	◎
‧智慧財產權		◎
‧執　照		
‧契約／正式網路	- - - - - - →	
‧資料庫		◎
個人能力		
‧專業技術能力	◎	◎
‧管理能力		
‧人際網路		
組織能力		
‧業務運作程序	◎	◎
‧技術創新與商品化		◎
‧組織文化	◎	◎
‧組織記憶與學習		

從表0‧1可以清楚的看出，案例中的公司是一家歷史悠久的公司，擁有良好的品牌商譽，業務運作程序非常有效率，又有良好的組織文化，內部成員並擁有良好專業技術能力，核心資源可謂非常豐富。但迎接未來技術的快速變遷，除維持既有的核心資源外，還應增加智慧財產與資料庫，並強化技術創新與商品化的能力，以維持企業的競爭地位。

事業網路的建構與強化

任何一個企業都不可能獨自提供營運過程中所有必要的資源，它必須從開放的環境中取得必要的資源，如原料（上游供應商）、通路（下游供應商）、資金（銀行）、勞力（工會）、技術協助（政府研究單位）、專業促銷（廣告公司）等等。依據社會學的理論，企業還必須被更廣義的相關成員接納，從它們的身上取得企業存在的正當性（legitimacy），這些成員包括同業、社區、消費大眾、輿論及政府等等。因此，企業和所有周圍的成員都是息息相關的。

換句話說，若以企業爲本位，企業和周圍的這些機構，事實上形成了企業生存的事業共同體（business ecosystem），爲了取得生存的資源和正當性，企業必須和共同體中的事業夥伴建構適當的關係。但在資源有限的考量下，企業和各個事業夥伴之間自應考量各方面的情況，建構不同的親疏關係。這些問題的思考，都是策略決策者所應關心的。

從企業經營者的觀點，有關事業網路的策略構面可再細分成以下三個：

■體系成員

企業一定需要其他企業或組織的支持與合作，才能完成創造價值的任務，因此必須選擇適當的成員，建構一個完整的事業網路體系。例如，某一家汽車公司必須選擇適當的技術合作夥伴、各種零件的供應商以及經銷體系，才能夠給顧客帶來最大的滿意。

理論上，只要和本事業產生互動的其他企業或個人，都可以視為事業網路體系中的成員。若依成員的性質加以區分，可分成以下幾類：

1. 資源供應者：企業的經營是處在一個開放系統中，許多資源，如原料、零組件、人力、技術、資金、通路、行銷等等，以及提供消費力的最終顧客均須從外界取得，因此供應這些資源的成員，便是一般公司事業網路中最重要的成員。選擇哪一個資源供應者做為企業重要的經營夥伴，當然是策略思考過程中重要的課題。

2. 同業：除了資源供應者外，同業關係亦值得考量。在傳統的經濟法則中，同業間大抵是維持競爭關係。從策略的觀點思考，這項競爭有層次上的區分，從直接競爭、間接競爭、交叉對抗，到彼此楚河漢界、相安無事等等，存在許多不同的形式。近年來，企業間強調策略聯盟，期望在研發、採購、通路或行銷各方面共同合作，更使同業有可能成為本公司事業網路中一位重要的成員。

3. 異業：企業在選擇事業夥伴時，如果深入分析，常會發現和其他異業間存有一些共同利益的空間。例如，旅行社和旅館間的合作、超市和銀行間的合作、飲料廠商和職棒間的合作等等，彼此間的合作關係都能為雙方帶來實質的好處。由於不同行業主要的營運範疇不同，彼此間

產生衝突的可能性較低，因此常是事業網路中最佳的合作夥伴。

　4. 社會夥伴：從更寬廣的觀點看企業經營，股東、政府、企業所在地的社區、消費大眾、輿論媒體和企業經營有關的專業團體等，都對企業策略的決定有直接或間接的影響，這些社會夥伴對企業經營的正當性均有發言權，可以稱爲「策略選民」（strategic constituency）。選擇適當的策略選民做爲企業經營的社會夥伴，對企業長期的經營將會有很大的幫助。

　以上是企業最重要的四種事業夥伴，選擇事業夥伴是企業經營中相當重要的策略課題。當然，在實務運作中，有的企業因本身條件不佳，並不能夠主動的去建構一個體系，而只能被動的去加入某一既有的事業共同體，從經營的觀點言，這亦是一項非常重要的策略選擇。例如，目前的電腦CPU逐漸呈現英代爾與IBM對峙的局面，國內的資訊廠商應理性的判斷，到底應加入哪一個體系較佳。當然，無論是主動選擇事業夥伴、建構合作體系，或被動加入一個既有的體系，都同樣應有前瞻的觀點，配合長期需求，隨時做適當的調整。

■網路關係

　當事業體系建構完成後，體系內的成員數目相當多，每一個成員都可能和本公司形成互動關係。無論從實務需要或資源使用的觀點，企業均不可能和周遭的每一位成員維持相同緊密的關係。因此，如何配合未來的策略構想，適當建立或調整各成員間的網路關係，便成爲另一項重要的策略課題。

■網路位置

　　當事業體系形成後，企業和事業夥伴間成為相互依賴的關係，但是由於客觀環境和主觀條件的不同，體系中每一個成員相互間的依賴關係並不相同。有的成員在體系中成為資訊與資源的匯集處，掌握到網路的關鍵位置，在分配網路利益時，自然得到較多的好處；有的成員則處在體系的邊陲位置，雖然盡心貢獻，但在利益分配時，並沒有得到應有的一份。企業從個別的立場思考，應將網路位置的選擇與調整視為重要的策略課題，以避免遭到不公平的待遇。

　　事業網路的概念可以**圖0‧8**來顯示，圖中各圓圈代表公司的事業夥伴，圖中圓圈大小顯示該事業夥伴的相對重要性，而各圓圈之間線條的粗細則說明事業間彼此關係的強弱。

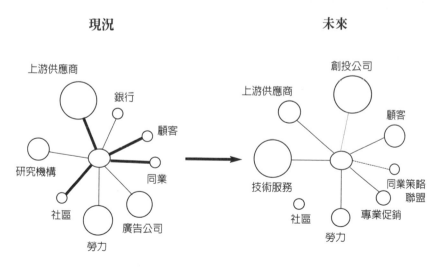

圖0‧8　「事業網路」策略構面調整示意圖

表 0・2　策略構面與特性示意圖

大　項	細　項	特　性
營運範疇的界定與調整	・產品市場	外　顯
	・活動組合	
	・地理構形	
	・業務規模	
核心資源的創造與累積	・資　產	內　隱
	・能　力	
事業網路的建構與強化	・體系成員	實有若無
	・網路關係	
	・網路位置	

　　在傳統的企業經營邏輯中，競爭是唯一的理念。近年來，無論是在國際政治、經貿或企業經營層次上，都顯露出大和解的氣氛。這種現象，部分源於意識形態的改變，部分則出自外在環境的壓力。事實上，在快速變遷的環境中，每一家企業都很難以個別的力量來迎接環境的挑戰。因此，事業網路的建構與強化，已成為企業中最重要的策略思考主軸。由於網路關係是建構在企業與周圍的成員間，一般而言，它感受得到，但是很難描述，更難具體的衡量，具有「實有若無」的特徵。

　　以上簡單說明了策略構面的具體內容。為了便於記憶，筆者將其歸納成三大類九小項，對應於「九說」，可稱為「三構面」，這些構面的內容與特性彙總如表0・2所示。學習策略時，應首先將這些構面牢記在心，接下來再進一步思考，如何運用各種理論來分析並決定這些決策點。

構面間的關聯

　　任何一家企業未來的經營策略，均能夠運用上述「策略三構面」清楚的加以描述，但是企業決策者在從事策略各個構面的分析與決策時，應留意「範疇—資源—網路」所涵蓋的三個構面彼此間並不是獨立的，而應該整體加以思考，並時時考量彼此間的配合關係。「範疇—資源—網路」三者間的緊密關係，透過「九說」可以有更詳盡的討論，此處先做簡單的描述。

「範疇—資源」的互動

　　企業在擴充未來的營運範疇時，無論是擴大規模、增加產品線、開發新市場或增加價值活動，均應以既有的核心資源為基礎，如果現有的核心資源能夠支持營運範疇的擴展，則可以大膽的執行策略構想；反之，則應謹慎的加以評估。

　　從資源的觀點思考，同樣可發現二者間的密切關係。資源除了可以支援範疇的擴大外，透過營運範疇的擴大，亦可以為企業帶來許多新的資產與能力。例如：國內許多傳統企業正面臨轉型，有的企業向海外發展，如果處置得宜，便可以建立全球經營的能力；有的企業準備進軍高科技事業，常先透過董事會的參與，逐漸掌握經營高科技產業所需之產業專屬知識。凡此種種均顯示，有計畫的擴大營運範疇，不僅有助於企

業的成長，亦有助於核心資源的創造。

「資源—網路」的互動

　　企業在建構核心資源時，可以考量各種不同的方式，除了內部自行發展或向直接市場購買外，透過不同形式的網路關係來取得必要的資源，亦是企業界常採用的方式。因此，在準備建構或強化核心資源時，事業網路亦需要配合重新調整。

　　另一方面，不同的事業夥伴與網路關係，對企業核心資源之建構與強化，同樣有不同的影響。如果選擇的夥伴得宜，當能為企業帶進非常多的資源。反之，則會對企業產生負面的效果。因此，「資源—網路」兩者間的緊密關係是顯而易見的。古諺有云，益者三友，損者三友，是同樣的意涵。

「範疇—網路」的互動

　　當企業擴充營運範疇時，隨著產品市場、價值活動與地理範疇的擴大，自然需要新的事業夥伴，以取得必要的資源。如果原有的網路關係不足，則可能成為發展新業務的限制與障礙，必須設法加以改善。另一方面，良好的事業夥伴與網路關係，往往能夠為企業帶來新的投資機會，擴大既有的營運範疇，這種現象在台灣企業特別普遍。凡此種種，均足以說明二者間的緊密關係。

　　以上的說明希望強調的是，任何一個企業在進行策略規劃時，必須

就「資源、範疇、網路」中各個構面同時進行整體的思考，分析彼此間的緊密關係，而得到一個成套的策略規劃結果。如果只就每一個構面單獨加以決定，彼此間可能產生相互矛盾的情況，不僅達不到企業預期的目標，可能還帶來反效果呢！

策略類型

從企業決策者的觀點看策略問題，除了關心應該「決定」什麼事情外，另外更應該關心的是，有哪些可能的方案值得未來繼續努力。因此，許多學者嘗試將實務上的策略作為加以歸納，而成為許多策略類型。事實上，策略類型只是各種策略構面變化的組合，二者具有相當程度的對應關係。

以下是一些常見到的策略類型名稱，如果加以分解，可以發現它們和策略的構面是完全對應的：

- 市場滲透策略：在原有的「產品市場」範疇中，擴大「業務規模」。
- 產品發展策略：在「產品市場」構面中，增加新的產品線。
- 市場發展策略：在「產品市場」構面中，增加新的市場區隔。
- 垂直整合策略：在「活動組合」構面中，增加上游或下游的價值活動。
- 投資水準策略：配合產業發展趨勢與生產技術習性，擴大、維持

或縮小（收穫）業務規模。

· 多角化策略：在「產品市場」構面中，尋找新的「產品市場」範疇；其中相關多角化策略則是有效運用既有的核心資源，發展新的業務範疇。

· 水平購併策略：透過和「同業關係」的改變，擴大「業務規模」。

· 全球策略：在「地理構形」上，盡量依比較利益法則將價值活動分散到全世界各地。

· 策略聯盟：在「事業網路」構面中，尋找適當的合作夥伴，建立新的網路關係。

· 異業合作策略：在「事業網路」構面中，透過和適當的異業形成良好的合作關係，以增加對顧客之服務內容或降低成本、提高競爭優勢。

· 低成本、差異化策略：在「核心資源」構面中，建立獨特的資產或能力，使其和同業間形成低成本或差異化等不敗的競爭優勢。

· 資源統治策略：在「事業網路」構面中，企業和資源（技術、原材料、資金、人才、通路等）供應者間建立適當的網路關係，以最有效率的方式取得必要的資源。

　　從以上的說明中可以了解，策略類型是將企業中成套的策略以簡單的名詞代表，如果命名得當，可以清楚感受到一個企業策略的基本方向與具體作為，有助於企業與內部成員及社會大眾的溝通，更能發揮策略的指導功能。從另一方面看，將策略構面加以不同的組合，會產生許多

意想不到的新策略類型，是思考未來發展策略最佳的方式。

　　換言之，在實務中從事策略規劃時，應是先完成具體翔實的策略構面，然後根據這一組策略的特性來取一個簡單的名字，讓大家了解，並便於溝通與傳播。如果倒果為因，在策略規劃過程中只停留在策略類型的抽象層次討論，就會將策略規劃工作流於文書作業或口號之爭了。

表0・3　「策略構面—策略類型」對照表

策略類型	策略構面					
	產品市場	活動組合	業務規模	地理構形	核心資源	事業網路
市場滲透策略			◆			
產品發展策略	◆		◆			
市場發展策略	◆		◆			
垂直整合策略		◆	◆			
投資水準策略			◆			
多角化策略	◆		◆			
水平購併策略		◆	◆			◆
全球策略			◆	◆		
策略聯盟					◆	◆
異業合作策略					◆	◆
低成本、差異化策略					◆	
資源統治策略					◆	◆

策略的邏輯與本質

　　學習策略者熟悉了策略的構面與類型後，已清楚掌握到策略決策的規劃流程與關鍵點，接下來的課題便是，如何面對複雜的外部環境與內在條件情境，進行各項評估與決策。由於內外部情境並不容易加以簡單的歸納，在實務中常會遭遇到思考與推理的困境。換言之，如何在環境及條件分析與策略的決定間建立起清楚的邏輯關係（即在什麼樣的環境、什麼樣的條件下，該採什麼樣的策略），是大家所共同關心的課題，亦成為策略決策的困境。為了克服這個困境，筆者嘗試提出「策略本質」的思考。

　　所謂策略的本質，是指企業在思考策略時圍繞的核心理念與根本企圖。例如，將「結構」視為策略的本質，基本上認為結構獨佔力是企業利潤的重要來源，因此企業的各項策略作為（如增加通路控制權、提高自製率等）均係為了提高結構獨佔力。而對「結構」相關知識的了解便是策略規劃中重要的課題，亦成為思考過程中的基本邏輯。其他各種本質亦可以同樣的方式來理解。根據筆者的主觀理解，在建構策略的本質時，大致而言有九個較重要的學說可以做為思考的依據，筆者將其簡稱為「策略九說」。「策略九說」的重要內容請參見**表0‧4**，筆者在以後各章將逐一加以介紹，至於介紹的順序大致是依筆者主觀構思的架構來逐一探討，這個架構將在最後一章再行提出，做為本書的結論。由於各說的寫作是獨立的，因此讀者亦可自行調整各說閱讀的順序。

表 0‧4　策略的本質

學　說	主　　要　　論　　點
價值說	‧聯結價值活動，創造或增加顧客認知的價值
效率說	‧配合生產與技術特性，追求規模經濟及範疇經濟，以降低營運成本 ‧發揮學習曲線效果，獲取成本優勢
資源說	‧經營是持久執著的努力 ‧創造、累積並有效運用不可替代的核心資源，以形成策略優勢
結構說	‧獨佔力量愈大，績效愈好 ‧掌握有利位置與關鍵資源，以提高談判力量 ‧有效運用結構獨佔力，以擴大利潤來源
競局說	‧經營是一個既競爭又合作的競賽過程 ‧聯合次要敵人，打擊主要敵人
統治說	‧企業組織是一個取代市場的資源統治機制 ‧和所有的事業夥伴建構最適當的關係，以降低交易成本
互賴說	‧企業組織是一個相互依賴的事業共同體，彼此間應建構適當的網路關係 ‧事業共同體應共同爭取環境資源，以維繫共同體的生存
風險說	‧維持核心科技的安定，促使效率發揮 ‧追求適當的投資組合，以降低經營風險 ‧提高策略彈性，增加轉型機會
生態說	‧環境資源主宰企業組織的存續，應採行適當的生命繁衍策略 ‧建構適當的利基寬度，靠山吃山，靠水吃水 ‧盡量調整本身狀況和環境同形

最後值得再一次說明的是：策略的本質係說明情境與策略間的一般性原則，可以用來理解與說明策略構面改變時的眞正意義，因此二者可形成一個矩陣而互爲表裡關係（如圖0‧9所示）。換言之，策略構面所描述的是企業外顯的狀態，而策略本質在探討內隱的企業經營基本邏輯，因此，策略決策者可運用九說來思考策略各個構面可能改變的空間，亦可用九說來評估每一個可行方案。讀者在研讀每一說內容時，應充分練習將九說所提供的策略邏輯，運用在每一個策略構面的改變上，

策略構面 ／ 策略本質	營運範疇				核心資源		事業網路		
	產品市場	活動組合	地理構形	業務規模	資產	能力	體系成員	網路關係	網路位置
價值									
效率									
資源									
結構									
競局									
統治									
互賴									
風險									
生態									

圖0‧9　策略構面與策略本質關聯示意圖

也就是嘗試去填滿如圖0‧9「構面／本質」矩陣中的每一個格子。這項分析動作如果練習得非常熟練，則策略的思考便易如反掌了。

筆者在前一小節已經說明，策略類型可以分解成許多不同的策略構面組合，因此，策略本質同樣可以用來說明與評量各種策略類型採行的價值與時機。「類型／本質」矩陣示意圖如圖0‧10所示，優秀的讀者同樣可以嘗試去做這項分析練習。

策略本質 ＼ 策略類型	市場滲透	產品發展	市場發展	垂直整合	投資水準	多角化	水平購併	全球策略	策略聯盟	異業合作	低成本、差異化	資源統治
價值												
效率												
資源												
結構												
競局												
統治												
互賴												
風險												
生態												

圖0‧10　策略類型與策略本質關聯示意圖

資源與網路

高科技產業的策略邏輯

　　高科技事業的經營策略和傳統企業的經營策略有何不同？應該怎麼做才能更符合高科技事業的需求？這是我這兩年常在思考的一個問題。

　　一般企業在做策略規劃時，都是希望能為企業未來的發展勾勒一幅清晰的發展藍圖，以凝聚組織共識。換句話說，傳統策略規劃的目的，是希望對未來的營運範疇有明顯的界定，讓大家知道現在是什麼樣子，未來該怎麼樣。

不確定的外在環境

　　但是，在高科技產業裡，這個勾勒遠景的企圖卻面臨很大的挑戰。因為，外在環境非常不確定：

市　場

　　有些產品的市場初看很小，突然間變成很大，忽然又沒有了。例如

最早的CD-ROM是新力公司所推出，從它剛推出到賣到一千萬座，前後花了七年時間。但是CD-ROM從前年開始風行後，它的第二個一千萬只花了七個月的時間，第三個一千萬只花了五個月的時間。

CD-ROM從推出到二倍速，從二倍速到四倍速，從四倍速到八倍速，平均大約只有六個月的時間。當時台灣很多公司興高采烈地參與開發，向上游廠商飛利浦公司訂了很多關鍵零組件，等到開始生產，卻發現市場價格忽然跌下來。現在在光華商場還可以買到二倍速的光碟機，但一座大概不值幾百塊台幣。事實上，這些產品在一年前還是非常風光的。

過去的產品生命週期是一條曲線，從出生期、成長期、成熟期，到衰退期，都有一個大致必經的歷程；但是現在的產品生命週期，卻像一串數位化的符號。一個高峰過去會很快地落下來，如果公司繼續衝刺，又可能再創造另一個高峰。高科技產業中常有這樣的陳述，每家公司都好像在跳懸崖，運氣好、能力強的若能跳過去，就會跳到很大的機會，但是運氣不好的就摔死了，而運氣不好的廠商不在少數。

產 品

以傳統產業來說，現在的汽車和四十年前的汽車比起來，幾乎沒有太大的改變，二十幾年來電視機也是一樣，可樂更是賣了一百多年。在傳統的產業裡，一種產品可以賣五十年，甚至一百年。所以傳統的產業強調改善，透過不斷的改進，以追求生產的效率。但是在高科技產業裡，這個邏輯面臨很大的挑戰。光是改善是很危險的，因為今天你很難

知道哪一個產品會流行，哪一個會成為未來的標準產品，光碟就是一個例子。

很多人都知道，科技產業下一波的重點是通訊產業。今年上半年美國通過很重要的一個法案，內容允許經營有線電視的廠商同時經營通訊業，經營通訊業者也可以經營有線電視。

在一般人的心目中，這原是兩種完全不同的產品，但是從技術上分析，原本都是在傳送訊號，只不過過去傳送的訊號一個是聲音，一個是影像。現在處理聲音和影像訊號的能力已經越來越接近。最近網際網路非常流行，但是要傳影像往往很慢，一旦有線電視和通訊業打通關節，就會出現一種新的服務商品：幫別人下載網際網路上的影像訊號。

過去，產品與產品的界線很清楚，現在則非常模糊。以前上網際網路需要打字，現在則可以直接用聲音。這樣的發展，使產品非常不確定，誰也不清楚競爭產品在哪裡。

廠 商

過去在做策略規劃時要做競爭分析，你要知道你和誰在競爭。例如台塑做石化產品，就要知道石化產業中的廠商有幾家，他們可能做什麼事。但是在高科技產業，同行是誰越來越不確定。例如電信局改制為中華電信公司，電信事業開放後，許多集團都想爭食這塊產業大餅。但是大家可能沒有想到，最早想做電信業務的是台電。如果按照傳統的習慣會想，這怎麼可能？但事實上，台電的電信網本來就遍布全台灣的每個角落。現在的銅軸纜本來就可以傳送信號，未來還可以利用現有的電力

網路鋪設光纖，因此台電將會成為有線通訊市場重要的競爭者。

　　像這樣，當你連競爭對手都不知道在哪裡，怎麼去勾勒營運的範疇？

技　術

　　最近幾十年來，產業發展進步主要的動力是在半導體技術的進步。二十年前整個世界上是以金屬、鋼鐵為主的時代，像汽車、輪船、飛機，形成整個世界主要的經濟活動。但是近二十年來，我們的經濟商品是靠矽晶、半導體做為主要的材料。

　　IC產品在技術上有非常快速的進步。IC是在一九七〇年代出現，隔了十年，同樣大小的IC效力提高了十倍；可是到了一九八〇年代，只隔了五年就增加了十倍；到一九九〇年代，大概隔三年半，就又增加十倍。預計二十一世紀，每隔兩年效力就會加一個零。可以想像衝擊會有多大。

　　以上這些都是高科技產業所面臨的最大問題，用一句話來講就是「不確定」。傳統的策略規劃希望勾勒遠景，但如果對遠景不能預期，就無法勾勒，這個企圖就破滅。

策略邏輯

　　那麼高科技產業究竟應該怎麼辦？有兩個基本原則應該把握：

1. 核心競爭：在動態環境下，因為對未來很難預期，應該做的事不是去猜測未來，而是不斷深化屬於自己的核心技術或核心資源。如果越能深化核心資源，即使外在環境非常快速，你仍然擁有比較有利的條件去因應。

2. 網路作戰：在動態環境變化下，單一廠商很難面對大環境的變化。所要做的是，怎麼形成大軍團的作戰，讓更多廠商集結在一起，形成一個更大的力量。如果能夠這樣，就可以在長期發展中形成更大的競爭優勢。

核心競爭

核心資源的經營理念，可以舉便利商店的例子來說明。開便利商店的人，常不知道該賣什麼東西才能符合顧客的需要，例如，要不要賣茶葉蛋、剪刀、小學生作業簿等等。傳統策略規劃的重點之一，就是決定公司的產品和市場，但是在現實環境時，會發現市場和產品非常難以捉摸。

因此便利商店經營者應該想的是，你在賣的究竟是什麼？便利商店說，我是在賣便利。只要能為顧客提供便利的，我就賣。不必去想我要賣哪七、八百種產品。換句話說，以「便利」來做為核心產品，可以較容易掌握到公司的重心。

但這還是碰到一個問題。如果環境穩定，可以定義什麼是便利，但今天環境變動很快，今天便利的明天可能不便利。更重要的是，「便利」如果只是一個口號，那麼每一家公司都可以說。這時，就要去想，這個

便利是怎麼來的。是什麼在決定便不便利？

第一個便利的條件是品牌。因為這個牌子給了顧客信心，顧客知道自己不會受騙，看到店就走進去，不必考慮，這就是便利。想清楚了，你就會發現，7-ELEVEN所提供的便利，背後真正的關鍵資源是品牌。

第二個便利的條件是店面的管理。顧客可以在固定的位置找到他想要的東西，減少搜尋與採購的時間。更重要的是，由於有良好的管理制度，才能放心的請工讀生，一天二十四小時，一年三百六十五天，無時無刻的提供服務。

第三個便利的條件是因為它有POS系統，使它在物料存貨的管理非常有效率。好的便利商店能夠透過這套系統，讓那些沒有滿足顧客便利的商品從報表中顯現出來。

第四個便利的條件是，我要賣什麼不必費腦筋，要傷腦筋的是，當我決定要賣什麼的時候，都能在最短的時間找到供應商，用最短的時間送到每個零售端點。只要隔壁雜貨店賣得好的東西，我一發現，就可以找到貨源，賣得比它更好。因為我有很好的物流系統，大量採購，快速地運達。用最便宜的價格進貨，最貴的價格賣掉。在這種狀況下，物流就是很重要的核心資源。

在今天變化這麼快的環境下，很難預期什麼會流行，什麼不會。要能夠生存、競爭，不必做先知，但是機會來的時候，一定要確保它落到我的口袋裡。因此，你必須清楚知道你必須長期累積努力的是什麼，這就是核心競爭，也就是核心資源的創造與累積。就好像前面所舉的便利商店的例子，業者該煩惱的不是那七、八百種產品的選擇，也不只是用口舌吹噓便利，而是在「品牌」、「店面管理」、「POS系統」和「物流

系統」這幾方面多加努力。

在高科技產業，很基本的事情是找出，什麼是真正屬於我們的專業技術和能力。但是，我們常會有一個迷思，一看到機會出現就想去追隨。

事實上，在各種機會紛紛出現，讓我們感到眼花撩亂時，一定要做選擇。要想：做這個業務時，有沒有有效運用到現有的核心資源。有時，為了追求新市場或機會，要做很多額外的事情，但這對核心資源很難深耕努力。很多公司什麼都懂一點，但是沒有太強的地方。這種公司在高科技產業裡，大風一吹，就很難和別人競爭。所以找出核心技術，長期累積創造是很重要的。至於花花世界裡，什麼進來什麼出去、興興衰衰，並不是關鍵，長期來看，只要條件好，你永遠有機會。

核心資源的累積只有四個字：持久執著。對於核心資源，這是非常基本的原則。在一個領域裡深耕，才能有競爭力。

在選擇核心資源的時候，要特別留意：對於什麼事我應該持久執著？有許多不同的項目，例如IC的開發，是一種核心能力；而一些管理能力，本身也能成為重要的核心能力，例如改進管理方法、配銷方式，也可以成為企業非常重要的資源。就像統一超商這樣的公司，真正的核心資源應該是它的物流、POS管理。

核心資源的累積，一定要把它形成日常作業的一部分，而不是偶然做做而已。舉例來說，對一般人而言，大家都同意最重要的核心資源是健康。於是很多公司中常有人提議，每週抽一個晚上去打球。但每到這一天，總有很多其他的事耽擱了，就這樣，一個月才打一次球是很普通的事。這樣對健康並沒有幫助，還不如每天上下班爬樓梯。如果爬樓梯

成為你每天上下班工作的一部分，也不需要去運動了。任何資源的創造與累積要形成日常作業化，長期持續，才有成為核心資源的可能。

在今天的社會，只要有一技之長，就不必擔心別人會忽略你。現在的產業越來越走向水平分工、垂直反整合。因為外在環境變化太快，越來越多公司不願意做太多事，事實上也不可能同時做太多事。營運過程中，怎麼讓自己變成別人的夥伴，可能是一件更重要的思考。只要有一技之長，在一個專業上非常投入，就可以成為別人非常倚重的夥伴。

網路作戰

另一個高科技產業要注意的策略思考是網路作戰。因為每家公司都不可能主導大環境的發展，所以逐漸形成合作網路，希望透過大家共同合作的體系，來面對更大的挑戰。例如IBM公司和神通公司簽約合作開發國內通路，就是一種網路作戰。在高科技產業裡，這其實是普遍常見的現象。

因為高科技市場是忽然出現，忽然消失，新產品的生命週期很短，如果按照過去的步調，等你開發四年，市場已經不見了；而當市場忽然出現，你又吃不掉。你吃不掉，就表示所開發的成本無法均攤在產品上，這個機會就不是屬於你的。在這種狀況下，聯盟便成為非常重要的做法。

網路在傳統產業就有了。傳統產業的網路是像中心衛星工廠的合作體系，以汽車業來說，車子有車身、煞車系統、懸吊系統等，而每個系統又是由不同廠商形成衛星體系來合作完成。

但高科技網路和這些傳統網路有一些不同。電腦公司在不同時間會因為不同業務需要，有不同的合作夥伴。汽車廠的合作廠商有二、三十年的合作關係，但是在高科技產業比較無情，快速變化，快速整合。在某件業務上找這些夥伴，在其他的業務又找另外的夥伴。我把它稱為動態型網路。

國際會議公司就有點類似高科技公司的狀況。國際會議公司的顧客可能有翻譯、展覽、晚會、旅行、接待等各種不同的需求，每次要求的服務都有很大不同。這就必須形成一個動態網路，當國際會議公司接到一個案子需要同步翻譯，或辦理中橫旅行，就會去找一個口譯或專業旅行社，來做合作夥伴。找夥伴時，通常會找最有保障、門當戶對的公司。因為外在環境變化快，為了確保戰果，所以要找一定是找最好的夥伴。

高科技產業有一個非常重要的事實：各個專業領域中，已經很少有第五名以後的廠商的生存空間了。有人預測未來幾年可能只剩前兩名，只有擠進前兩名，人家才會找你做夥伴。在這種更動態的網路中，核心能力也變得越來越重要。

在動態網路中，如何維持這個合作網路？

第一，如果交易時間很短暫，就必須在合作過程中，推動多次交易的可能，製造很多合作機會的誘因，拉大長期發展的遠景，這樣才能確保大家合作的誠意。

第二，要有誠心，不要將所有的事情都攬來自己做。當一家電腦公司找管理顧問公司合作，幫客戶做資訊系統。如果之後電腦公司想，我為何不自己成立管理顧問公司？而管理顧問公司也想，我也可以做電腦

業務。這常是合作崩潰的關鍵。網路的維持，必須讓對方相信這個合作是互補關係，而不是競爭關係。

第三，任何關係的維持，不是碰到業務才開始合作。平常就應該尋找資源互補的對象，形成互信的關係。這是需要特別經營的。

五點注意事項

在高科技產業中，要以「核心競爭，網路作戰」做為策略的基本原則，在這個原則下，還要注意以下幾件事：

■集中專業，縮小營運範疇

在傳統產業，總會想擴大營運範疇，例如原來做汽車裝配的業者，後來想做汽車引擎；台塑進行垂直整合，想要建構一個石化王國。但是高科技產業的基本經營策略剛好相反：多層面經營所面臨的挑戰非常大，集中專業反而更重要。所以每家高科技公司都應該重新思考：我們到底有什麼專業？

■加強組織學習能力

高科技所碰到的問題是變化非常快。要建構核心資源，必須重新思考：核心資源要透過什麼方式建立起來？過去的組織是靠訓練或外部人力加入，帶來新的資源。但是在高科技產業，由於外在環境變化快速，所以要快速增加核心資源，最重要的是，員工與團隊是否有組織學習的能力，能夠在戰役中增強自己的實力。

■結合內外網路

　　網路觀念是希望結交朋友，但是如果你要讓網路變得有效率，可能要注意，如何對待組織內的成員。如果好的業務都由組織內成員來負責，不好的業務才委託外界夥伴來進行，這種網路關係是很難維繫的。

　　例如當企業辦訓練時，打算找管理公司做為夥伴，這時內部人事部門的定位便非常關鍵。因此當外部組織網路化時，內部組織也要網路化，也就是說，要把外部鬆散的關係向內拉，把內部凝聚的關係向外推。向外推的意思是，每個單位應該像利潤中心，大家都有自己的核心資源，都具有創造價值的能力，而在業務的爭取上，和外面的公司則沒有什麼不同。

　　最近聯華電子在組織中做了一個變革，它重新思考公司的策略利基，發現自己的核心技術是IC加工製造，這才是聯華必須長期努力的方向。但是只有加工製造，沒有業務不行，所以它找國外最好的IC設計公司做為策略聯盟的夥伴，同時把內部的產品設計部門改組為一個公司，形成為一個對等的關係來運作。

　　內、外部網路化要同時進行。如何讓這兩者形成恰當關係是一個重要課題。目前很多企業正在做流程改造，組織扁平化，朝向小軍團作戰。讓企業內每個單位都能作戰，和外面廠商競爭。讓過去較嚴謹的內部關係，現在向外推進；過去較鬆散的外部關係，現在則向內集結。

■培養經營人才

　　過去企業的經營有兩個極端：興業型和管理型。台灣的發展主要靠

興業型，很多人有一點點技術就開一家公司，結果很多失敗，少數成功，成功的公司就成爲經濟發展的動力。但是這些公司大多沒有管理，賺了錢很快就倒掉，因爲核心資源累積做得很差。到今天台灣還有很多公司沒有文件或手冊，都靠老闆一個人的思考做決定，這類公司的體質其實都很不好，不易成大器。

另一個極端是在某些保護條件下誕生的大型企業，這些企業中有的認眞做管理，隨著組織的成長，越來越有制度，管理越來越上軌道，但逐漸發展成龐然大物，就像恐龍，行動日漸遲緩，應變的能力越來越差。

未來的公司應該叫經營型，整合合作網路中的成員，創造顧客所需要的價值。每個成員都有核心技術，但是要成功必須跟其他夥伴做整合，同時要想辦法將核心資源蓄積在網路裡，逐漸增加，才能提升合作網路的作戰能力。更進一步說，經營型的企業就是要能夠不斷地創造需求、整合需求、整合成員，並累積資源。

在這樣的組織下，會出現的管理課題是：每個單位都成爲小老闆，那大老闆做什麼？彼得‧杜拉克說：有核心資源的小老闆就像樂團的成員，每個人都能演奏一種樂器，大老闆所該做的就是形成共同願景。就好像交響樂團裡不能缺少的指揮，讓每個人步調齊一，爲曲子注入生命。

■ **重塑專業倫理**

最後，組織的疆界越來越模糊，員工的忠誠度也是管理者要面對的一個挑戰。像IBM前不久開始實施沒有固定辦公桌的上班方式。所謂

「組織人」的定義開始改變，員工也沒有固定歸屬感。組織內部的員工和組織日漸疏離，但是和外在的夥伴越來越親近。過去強調的員工忠誠越來越困難。組織疆界改變後，怎樣重新塑造工作倫理，是新的組織課題。未來可能要強調的，應該是對員工專業的尊重，而不是對組織的忠誠。

　　總而言之，在高科技產業中，資源和網路才是重要的策略議題，但是資源和網路是一個緊密互動的過程，要有核心資源才會有合作夥伴，就好像你有本事才有朋友，有朋友後還能帶來更多資源。中國人說：「富在深山有遠親。」當你有鈔票時，會有朋友老遠跑來認；而有很多遠親，才能給你帶來更多做生意的機會。同樣地，如果能不斷創造資源，則能用這個資源吸引更多朋友；因為更多朋友又帶來更多資源。如果這兩件事做得很好，就可以在高科技產業裡活得非常愉快，這應該是高科技產業中最重要的策略邏輯。

──本文為公開演講稿整理，原載於《世界經理文摘》第一二四期，民八十六年，頁48-60

附錄一·資源與網路

價值說

企業因創造了價值而擁有存在的正當性。

一九八〇年，波特（Michael E. Porter）出版《競爭策略》（*Competitive Strategy*）一書造成轟動，該書以「結構獨佔」爲策略本質，強調競爭的重要性，一時之間，企業經營者均將策略重點置於如何打擊競爭者、控制供應商與顧客、阻止新進入者加入等等各種作爲。這種以打敗競爭者爲最高目標的經營策略，在相當長的一段時間內成爲策略思考的主軸。

競爭固然是策略的本質，但是吾人均應體認，企業是一個經濟組織，它存在於社會上的正當性來源，是因爲其能夠有效組合資源、創造價值，以滿足社會的需求。因此，企業眞正能夠戰勝競爭對手存活於社會的策略，是它創造了新的價值，而不是它打敗了敵人。例如，最近幾年來興起的便利商店，帶給顧客時間、地點的便利價值，又帶給顧客安心、方便的舒適價值，這些價值的創造，使得它在競爭中立於不敗之地。但反觀國內三家電視台的競爭，完全以打敗對手、提高本身收視率爲主要目標，並未顧及消費大眾不斷出現急待滿足的各項需求，使得市場出現各種需求缺口，於是第四台、有線電視、錄影帶、無線衛星電視台等各種替代品紛紛出現，對三家電視台產生重大的打擊。展望未來，國內三家電視台如果不能根本改變其策略思考的邏輯，恐將有被潮流淹沒的可能。

經營決策者應深深牢記，打敗競爭者固然可以確保獨佔利潤，但是這項競爭應以創造顧客價值爲前提。不能滿足顧客需求的競爭，短期或許可能取得獨佔地位，但終將會被其他更有價值的替代品所取代。換言之，策略是價值創造的藝術，只有不斷的提升與創造產品本身的價值，廠商才能永遠立於不敗之地。

價值形成的要素

「價值」既然是策略思考的核心本質，因此，經營決策者宜對「價值」能有更深入的了解。價值事實上是以下三方面的交集：「認知」價值大小的「顧客」、「傳遞」價值的「商品組合」，以及「創造」價值的「廠商活動」。經營決策者要了解價值的真正涵義，形成有助於價值創造的策略，應對這三個要素有深入的認識，以下分別加以說明之。

商品組合：價值傳遞的載具

廠商透過所提供的產品或服務來滿足顧客的需求，因此我們說商品（或服務）是一項價值傳遞的載具。嚴格而言，廠商和顧客在買賣的過程中所交換的不僅是商品本身而已，對顧客來說，它買到的商品是一個包含許多要素的組合，這個組合包括以下幾方面：

1. 主產品：指提供基本功能的產品主體。

2. 附屬產品或服務：指主產品以外的附屬產品，例如，在購車時，顧客除了買到汽車本身外，通常還會有許多附加的功能或贈品，包括電動窗、防盜器、千斤頂等等。

3. 品牌：絕大多數的產品都有品牌，顧客購買商品時，同時也購買了這個品牌的價值，根據Aaker教授〔1991〕的分析，企業透過品牌能夠提供給顧客的價值，至少包括以下三方面：第一，品牌可以協助顧客詮

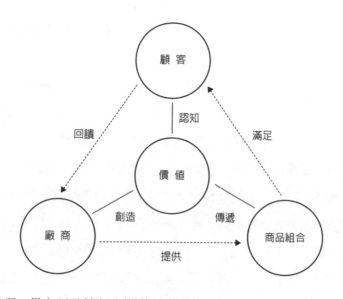

顧 客

認知

回饋

滿足

價 值

創造   傳遞

廠 商   商品組合

提供

釋、處理、儲存以及憶起有關某種產品的資訊；第二，品牌可以帶給顧客購買信心、簡化決策過程；第三，通常也是最重要的，就是品牌可以提高顧客的社經地位與群體認同，增加顧客在使用時的滿足感，藉此帶給顧客很高的價值。例如，一個人手上戴著勞力士手錶時，由於勞力士這個招牌代表著品質優異，會讓每一個看到的人發出羨慕的眼光，戴錶者自然會因產生特殊的感覺而感到滿足。

4. 品質與使用的方便性：廠商所提供的商品組合中，除了商品本身的功能外，對顧客而言，還包括使用商品過程中的精確性、方便性、穩定性與耐久性。一只昂貴的手錶不僅能告知時間，同時能分秒不差，這便是精確性；它除了告知時、分、秒外，還能告知月、日或其他地區的時刻，不須經常上發條或換電池，這便是方便性；手錶的精確性不受溫度、溼度等地理因素的影響，這便是穩定性；如果它能夠使用數十年，這便是耐久性。顧客使用手錶過程中的精確性、穩定性與耐久性都屬於

商品品質的一部分，再加上使用過程中的方便性，都可能為顧客帶來極高的價值。

5. 價格與付款方式：顧客在取得商品時，必須付出適當的代價，因此付出價格的高低以及付款方式，是顧客判定商品價值的另一項指標。一般而言，高昂的價格與嚴苛的付款條件，會降低顧客對商品的價值感，但有些炫耀性的商品，高昂的價格反而襯托了商品的價值。

6. 交易的地點與時間：廠商與顧客在買賣的過程中除了交換商品標的物外，交易的地點與時間本身亦傳達了相當的價值。對顧客而言，在晚冬時節吃到夏天的西瓜，在深夜時刻肚子飢餓難耐時買到生力麵，都會有更高的價值感；而布置明亮又高貴的零售端點，也往往更能讓顧客感受到商品組合的價值。

總合來說，廠商在銷售商品時，真正傳達給顧客的是一套組合，這套商品組合包括「主產品、附屬產品、產品品質、品牌、價格與付款條件、交易時間與地點」。廠商透過這套組合傳達了各種價值來滿足顧客的需求，因此，我們說商品組合是價值傳遞的載具，當然這也成為策略思考的核心，經營者應該經常自問：顧客買到的是什麼？（是商品的基本功能？還是知名的品牌？抑或是高品質的保證？）什麼樣的商品組合，才能帶給顧客更高的價值？

顧客：價值的認知者

要回答上述的策略問題，便需要對顧客的想法有更多的了解，換言之，應充分了解價值的意義，才能進行策略的規劃工作。為了便於思

考，筆者先給價值下一個簡單的定義：所謂價值是泛指所有能夠為顧客減少成本或增加效用的事物，其中效用的增加更值得吾人關注。以下便針對效用的內涵做進一步的討論。

■效用的形式

一般而言，效用的來源大致可分成以下幾種形式：

1. 實體效用：物品的實體效用是指，物品能滿足消費者基本需求層次的屬性，亦即用以解決生理需求或生活問題的基本功能。例如，手錶能告知消費者正確的時間，汽車能給消費者代步，均屬於基本的實體效用。

2. 心理效用：從消費者的需求層次來看，消費者除了基本的需求層次外，還希望能得到社會群體的認同、接納與尊敬。因此，具有「社會地位表徵」與「炫耀屬性」的物品，有時候能為消費者帶來較大的效用。例如，昂貴的飾物、高級的轎車等，均能為某些消費者帶來極高的心理效用。

　　十多年前，瑞典的司迪麥口香糖初登陸台灣時，並未引起多少注意，直到推出了「我有話要說」這一系列針對青少年消費群的廣告，打動青年的心後，才一炮而紅，至今不衰。這種以認同產品形象為主的趨勢，有越演越烈的趨勢。例如，最近的各種廣告中，中華汽車以真情出發，義美食品強調環保訴求，以及開喜烏龍茶宣揚「新新人類」，強調的都不是產品的功能或口味，而在於塑造一個鮮明的形象，進而引起消費者共鳴、滿足顧客心理層次的需求。

3. 時間效用：物品必須要在消費者最需要的時機出現，才能為消費者帶來最高效用，這便是時間效用。對在炎熱天氣下行走的路人而言，能夠適時的買到解渴的飲料—消暑氣，效用是很大的；相反的，過了新年後的耶誕樹，由於失去了應景的意義，對於消費者而言，幾乎是毫無效用的。

4. 地點效用：消費者在不同地點取得的物品，其效用有明顯的不同。遊樂區的食品價格通常較市區為高，因為它在「適當」的地點出現，能帶給消費者更多的效用；同樣一件襯衫，百貨公司的價格通常較地攤上高，但仍能順利銷售，因為對消費者而言，在百貨公司購買襯衫，不僅買到一件衣服，同時明亮、乾淨與舒適的購物環境本身，便能帶來一種相當的滿足，這便是地點效用。

5. 選購效用：消費者在購買物品的過程中，需要花費許多時間與精力來搜尋、比較與決策，在傳統的觀點中，這是一項代價極高的成本。這種看法固然不錯，但是在現代消費理論當中，廠商也該注意到，顧客的選購過程並不完全是一種負擔，在良好的選購環境下搜尋、鑑賞、比較與選擇的過程本身，對顧客亦可能是一種很大的滿足。國內旅行社常常推出海外城市購物自由行的旅程，同樣能夠吸引到許多顧客，相當程度反映了這種效用的存在。

綜合以上的討論，我們要注意的是，顧客購買的不是商品，而是商品的價值，但是這些價值除了商品本身的功能、品質、經濟性等這些邏輯可理解的實用價值外，還有象徵價值的存在，這包括相對於「邏輯」的「氣氛」、相對於「合理性」的「非合理性」、相對於「實質意義」的「抽象意義」，如何辨識顧客真正的價值偏好，以及如何創造出顧客所需

要的價值，便成為經營決策者一項重要的策略課題。

■顧客的主觀認知

　　商品效用是實體效用、心理效用、時間效用、地點效用與購物效用等各種不同形式效用的組合，但是值得注意的是，在每一位消費者心目中都有一條不同形式的效用曲線——有的消費者較重視商品的實體效用；有的則較重視商品的心理效用；有的消費者關心地點效用；有的則較在乎時間效用。例如，同樣一瓶汽水，一般路人重視購買時在時間、地點的方便性以及購買時的安心；但持家的家庭主婦則在乎其實體效用，希望以最低的價錢買到這項商品，並不特別重視在時間、地點上的方便性。因應這兩種不同效用偏好的消費者，社會上便出現了兩種完全不同形式的零售端點：全省連鎖又密布在都會區各個角落的便利商店，滿足了前一種顧客的需求；而設在郊區、擁有寬廣停車場的大批發店，以便宜的商品價格則吸引了後一群顧客。後一群顧客需要花很長的時間到很遠的地方去購物，但對他們而言，時間與地點的效用相較於實體的經濟效用而言，是較不重要的。

　　價值的高低除了因顧客的不同而有不同的認知外，同樣一位顧客在不同情境下的認知，亦常有相當大的差異。

　　　在古老的童話寓言中，曾有過這樣的一個小故事：有一位國王，為了尋訪各地的山珍海味，於是貼出一張告示，誰能夠烹調出令國王覺得好吃的菜，將頒贈千金，反之則要殺頭。許多人前往一試，卻免不了被處極刑。後來有一位乞丐，走到國王面前，告訴他：「我能烹

調出世界上最好吃的菜，只要你答應我一個條件，先挨餓三天。」國
王答應了！三天之後，乞丐帶著饅頭去見國王，國王吃了以後，大聲
誇讚：「真是人間美味！」相同的例子，也同樣發生在逃往西安的慈
禧太后身上。

　　總之，價值是顧客心理主觀的認知，而非客觀的事實，廠商在勾劃
商品組合時，應深切注意此點，時時思考顧客心中對商品組合的期望，
切忌本位主義、只以本身的觀點來判斷，否則必將形成重大的挫敗。事
實上，顧客的效用偏好通常有很大的不同，廠商可以選定不同的顧客群
做為生存的利基。這便是一般市場區隔與目標市場選擇的基本理論基
礎。

■購買標準

　　顧客對產品的偏好與期望，在實際購買商品時會轉換成具體的購買
標準。由於價值與效用的概念非常抽象，不易衡量，因此在研擬策略
時，常以購買標準做為分析的基礎。購買標準包括「使用標準」（use
criteria）與「象徵標準」（signaling criteria）兩部分。使用標準是指，顧
客透過這些指標，實際衡量投入成本與可得到的產品價值間之比，具體
的指標包括產品品質、產品特性、送貨時間、售後服務等等；象徵標準
則是指，顧客無法直接判斷產品的價值，而須透過其他輔助的指標來判
斷，例如，廣告、店面陳列和聲譽等等。

　　一般而言，當顧客重視實體效用、地點效用與時間效用時，通常會
發展出具體的使用標準；如果較關心心理效用或選購效用時，則多會憑

藉象徵標準做為購買商品的判斷。

廠商：價值的創造者

在現實的企業社會裡，價值創造既然是廠商利潤的來源，因此如何界定經營範疇、運用各種資源整合成較佳的商品組合來創造價值，以滿足顧客的需求，就成為廠商的基本任務。

仔細觀察廠商內部創造價值的各項經營活動，我們可以發現，這些活動並非單獨一項，而是一連串活動的組合，這些活動對最終的商品組合價值均有相當程度的貢獻，故每一個活動均稱為「價值活動」（value activity），而這一連串價值活動的組合即成為價值鏈。波特教授〔1985〕將價值活動區分成「基本活動」（primary activity）與「支援活動」（support activity）兩部分，其中基本活動是指對最終商品組合有直接貢獻的部分，包括：(1)原料與進貨後勤：包括特殊原料與零組件的設計與掌握，以及如原料請購、倉儲、存貨控制、運輸等作業性活動；(2)生產作業與技術：包括生產過程中產品與製程技術的擁有，以及如機具配置、裝配作業、設備維修、測試和廠房設施等管理作業；(3)通路與配銷後勤：包括建構完整、分布適當的配銷體系，以及完成配銷活動的各種作業活動，如成品倉儲、訂單處理與配送等等；(4)品牌與行銷：包括任何有助於刺激消費者購買動機的活動，如品牌形象的塑造、廣告、促銷與定價等等；(5)服務：有助於維持產品價值的活動均屬之，如安裝、維修、零件供應等等。

除了基本活動以外，在企業中還有許多輔助性活動的進行，對於價

值創造有很大的幫助，這些活動包括原料、機具設備的採購活動、技術發展活動、人力資源管理活動，以及規劃、財務、會計、品質控制等公司的「基礎活動」（infrastructure），這些活動由於對價值創造的貢獻是屬於間接性的，因此稱為「支援性活動」。

前面所介紹的是波特教授的分類，但是筆者認為，每一個企業因為技術特質與經營策略均不相同，因此在切割、確認本身的價值活動時，應有不同的方式，因此，不必拘泥於波特教授所提出的價值活動分類。同時，除了廠商本身外，上游的供應商與下游的顧客本身，也都是一連串價值活動的組合，這些成員的價值活動也可以上述的方式來分析。事實上，辨識供應商與顧客的價值鏈，並探討彼此間的聯結關係，是另一項重要的策略課題。

價值核心的策略邏輯

了解了形成價值的三個基本要素——顧客、商品組合與廠商後，接下來便可以發展出一個以價值為核心本質的策略分析流程，這個流程大致可分為以下幾個階段：

辨識不同區隔顧客的效用偏好及購買標準

各個市場區隔中的顧客效用偏好及購買標準並不相同。例如，在一般購買日常用品的顧客中可以分成兩大類：一類是重視購買方便性的

圖1‧1　日常用品顧客的購買標準

	便利消費群	經濟消費群
使用標準	・產品完整性 ・地　　點 ・開放時間 ・陳列方式	・產品品質 ・產品價格折扣 ・付款條件 ・送貨方式（停車場）
象徵標準	・品牌知名度 （避免受騙）	無

「便利消費群」，如上班族、夜間工作者或一般的路人；另一類則是重視產品經濟效益的「經濟消費群」，如精打細算的家庭主婦、公司行號的採購人員等。如前所述，這兩種族群的效用偏好有明顯的不同，其所形成的購買標準自然也有所不同，這兩群顧客的採購標準可以圖1‧1說明之。

發展不同的商品組合

　　以前述零售業為例，前者的商品組合應是「人車便利的地點、全天候的開放時間以及完整的產品線」，以提高顧客的便利性，同時應以標準的空間陳列及良好的品牌形象，以降低顧客疑慮、減少交易成本；而後者的商品組合則應是「價廉物美的貨品、優厚的付款條件及寬敞的停車場」，以降低顧客購買成本，同時便利顧客的購買與運送。

界定本身的價值活動

　　零售業的各價值活動應該包括供貨配送、倉儲、產品包裝與陳列、品牌及行銷、店面地點、顧客服務與送貨等幾項，不同的零售業者為了滿足不同的顧客需求，對於各項價值活動的安排並不相同（請參見圖1・2）。

　　傳統的雜貨店以親切的顧客服務與為顧客送貨取勝，因此顧客服務與送貨系統便成為最重要的價值活動。而經濟顧客群通常是大量購買，關心的是產品的相對價格以及搬運回家的方便性，因此有效率的供貨系統、簡單而牢固的包裝以及倉儲與店面的結合都能節省成本，提高顧客的滿意度。另外，在顧客服務方面，提供大型的推車及停車場，讓顧客

零售業的價值活動

顧客類型	購買標準	供貨配送	倉儲	產品包裝與陳列	品牌行銷	店面地點	顧客服務
傳統顧客群	親切服務						*
便利顧客群	地點、時間					*	
	品　牌				*		
	產品便利與完整性	*	*	*			
經濟顧客群	產品及價格	*	*	*			
	採購與搬運的便利性			*			*

圖1・2　零售業中顧客購買標準與廠商價值活動關聯表

購物後可以很方便的自己攜帶回家，節省運輸成本，便成為很重要的價值活動。

界定產品市場組合

透過以上的分析程序，再結合公司本身的優勢，經營決策者可以很清楚的知道，哪些商品組合與目標市場對公司而言是駕輕就熟、擁有比較優勢的，這個營運範疇當然應該成為公司的營運主力。換言之，做這項決定時，愈是從顧客的認知價值與購買標準出發，愈能夠為顧客創造認知價值；愈能滿足購買標準的價值活動，愈值得廠商留意與重視。

選擇價值活動組合

廠商透過提供的「商品組合」滿足顧客的需求，這套商品組合須透過一連串的價值活動才能產生，但是，這並不代表廠商必須自己完成每一個價值活動，而可以考慮和其他廠商合作，本身只負責價值鏈中的幾項活動。廠商在從事這項決策時，有兩項基本判斷指標：第一，對顧客之認知價值有直接關聯，且具有重大影響的價值活動，應努力經營並牢牢掌握；第二，對於部分具有專業或效率考量的價值活動，可以考慮尋找適當的合作廠商來經營，彼此形成互補的聯盟關係。例如，零售業中的物流與配銷體系，基於專業與效率的考量，已逐漸脫離零售業者而成為獨立的營運體，而原來的連鎖便利商店只掌握店面地點與品牌行銷兩項對顧客最有價值的活動，這樣的做法不僅不會影響便利商店的競爭優

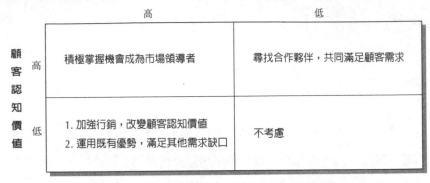

圖1‧3 廠商對「價格活動組合」的價值差異

勢，同時結合了專業物流體系的效率，彼此相得益彰，益增競爭上的優
勢。廠商本身優勢和顧客認知價值二者所建構的矩陣，及其可能的策略
意義，請參見圖1‧3。

經過以上幾個分析階段，經營決策者可以很輕易的勾勒出，廠商在
「產品市場、活動組合」等營運範疇各個構面的輪廓，同時也能夠清楚
的知道應該努力建構的核心資源為何，更知道誰將是公司重要的事業夥
伴，因此，這樣的分析邏輯對於經營決策者而言，應是很有幫助的。

差異化：價值的創造

上述以價值為核心本質所發展出來的策略邏輯，可以幫助我們釐清
顧客、商品組合與廠商三者間的關係，但是這樣的分析程序，每一個廠

商均可以輕易完成，不易形成特色。在這個競爭的時代裡，唯有出奇制勝、別樹一格才能立於不敗之地，因此，嘗試從每一個價值活動中尋求差異化，是極重要的策略課題，要做到這一點，以下幾個原則是值得參考的：

有效掌握需求缺口

　　未被滿足的顧客需求，永遠是企業經營者的最佳機會。但隨著社會的富裕、成熟，生活水準日益提高，完全未獲滿足的需求缺口其實很少，對許多行業的廠商而言，原創性的新產品愈來愈困難，愈少有成功的機會。但另一方面，在後工業社會的消費者眼中，產品所代表的不只是一種實質的效用，同時也是一份感覺、聯想與認同，這種「感性消費」的趨勢正快速興起中，廠商應投注更多的心力了解這個趨勢，以尋找新的經營範疇。另一方面，在定位商品組合時，除了「理性」的價值外，透過商品設計、品牌、廣告及企業形象塑造商品的「符號」價值，亦是另一項重要的策略課題。

　　在找尋需求缺口時，提出正確問題是一項重要的關鍵。大前研一〔1988〕曾舉例說，在製造咖啡過濾器的公司從事策略規劃時，如果關心的是競爭者的過濾器只要十分鐘便能煮沸咖啡，則一定會要工程師加緊努力，設計出只要七分鐘烹煮時間的過濾器。若依這種邏輯督導員工，市場研究將告訴我們，何必要發展過濾器，即溶咖啡能夠最快的完成沖泡。如果關心的是競爭者的產品耗電量很小，則我們可能會要求新產品進一步加以研究，以達到更省電的要求。但如果我們討論的問題變成：

「人們為什麼要喝咖啡？」「當人們喝咖啡時他們希望得到什麼？」則產品開發部門努力的方向就不一樣了。這時候，「香醇的味道」幾乎是大家一致的答案。由此而來，咖啡過濾器策略努力的重點，可能包含水質除氯的功能、咖啡豆自動研磨的功能，以及均勻散布研磨粉末的功能。如此一來，消費者只要將咖啡豆和生水倒進過濾器，幾分鐘後，就可以喝到忠於原味的咖啡了。

尋求獨特差異

　　廠商為了提高本身的競爭地位，應嘗試在重要的價值活動上尋求一些獨特差異。例如：統一超商便利商店推出「思樂冰」，使飲料產品線更完整；推出可用微波爐加熱的食品，讓人們更方便的吃到熱食，均是一種差異化的方法，有助於其競爭優勢的提升。廠商在尋求獨特差異時，應考量此項差異的專屬性，如果競爭者可以在短時間內便很容易的加以模仿，代表這項差異欠缺專屬性，便須考慮其成本與效益了。

　　以仿明式家具起家，並獲得十大國家產品設計獎的達大公司，在這兩、三年異軍突起，在多項展覽會中引起了眾人注目及讚賞。達大開發的現代典藏家具，以明式家具設計不務妍媚、強調樸雅堅緻的特質，開創了獨特的風格，也正符合了歐、美、日現代設計方向，滿足了消費者及收藏家對重新詮釋中國居室生活的渴望。

　　若以家具業的價值鏈來做進一步的分析，設計、製造、行銷是三大重點，達大公司便是分別在此三大價值活動中求取差異化，以樹立

獨特的產品風格。

在設計活動方面，達大之所以在短期內引起注意，在於它一系列模仿明式外型、特色的家具，明式家具的外型可用「簡、厚、精、雅」四字概括形容，達大家具汲取其精神，嚮往著明朝文人優、游、雅、致的生活情趣，想要重塑已失去的明代生活意境。而且乍看與明代家具一模一樣的達大家具，更在細部上做了許多變化：重視人體工學，並使造型更流線、輕巧，加入市場中流行的現代感。這些做法，使得達大家具的設計和同業有明顯的差異。

在製造活動方面，達大承接明代工藝的做法：少用釘與膠，多用榫，是現代家具中少見的產品。其原因除了仿古之外，採用的木材為紫檀、花梨等珍貴硬木，硬度高、難入釘，也是一項影響因素。如此的手工水準，加上高質感的材質，更彰顯出產品價值。

至於在行銷活動方面，達大自創一個品牌「典藏集」，意指收藏並研究明式家具，是一項兼具古意與創新明式風格的現代典藏家具，同時，期望在百年之後，也能成為極有價值的古董。而每組三、四十萬台幣的售價，無疑將達大推向了家具產品中的精品市場。

— 楊瑪琍，《天下》雜誌，一九九二年四月

　　廠商在創造價值活動差異時，除了尋求一些獨特性外，亦可藉由改變遊戲規則來表現其獨特之處。例如，火鍋原是一般人冬天偏好的食物，但某個廠商以強力的廣告訴求，加上超冷的餐廳環境，讓顧客在夏天同樣享受到冬天吃火鍋的滋味，使顧客有更高的滿足，造成了極大的成功，便是一個很好的例子。因此，改變遊戲規則是一項非常值得重視

的差異化指導原則。

建構一套完全不同的價值鏈

對最終消費者而言，他所關心的只是廠商最終提供的商品組合能否滿足他的需求，並不在乎這個商品組合是透過哪些價值活動組成的。因此，廠商如果能建構成一條比較有效率的價值鏈，同樣可以形成很大的差異優勢。例如，最近國內某些廠商在國外製作電視節目，利用衛星發射到台灣上空，再利用第四台的接收器與有線電視線網，將節目傳送到一般的家庭中。對觀眾而言，從電視中看到節目表演的需求同樣得到滿足，與三家電視台的服務內容並無差異，大家都已注意到，這套由完全不同的價值活動所聯結而成的電視傳播價值鏈，正對傳統的三家電視台發出強力的攻擊，未來的勝負實值得大家拭目以待。

嘗試尋求新的關係

在很多情況下，上下游關係經過適當的安排，對最終顧客價值的提高會有很大的幫助。例如：目前國內普遍的大賣場批發零售業，利用標準的棧板，讓上游供應商的貨物配送與批發廠商的商品陳列，有效率的聯結在一起；同時，配合下游顧客多數擁有自用車，將成品送貨服務的活動轉移給顧客自行承擔，而以寬敞的停車場做為替代。這些協調上下游價值活動的做法，降低了批發零售商的成本，相對提高了顧客的使用價值，當然使廠商具有更高的競爭優勢。

形成星系價值網

在傳統的價值鏈分析當中，上下游廠商是在一系列的價值活動中，分別佔有一特定的位置——處在上游的供應商提供原物料，居於中間的廠商創造附加價值，再交給下游的顧客。從這個角度看，策略只是「某公司在特定價值鏈進行正確定位的藝術——確認正確的事業、正確的產品、正確的市場區隔，以及正確的附加價值活動。換句話說，顧客所期望的價值是由廠商所創造出來的」。

Normann 和 Ramirez 兩位教授〔1993〕，在一篇論文中指出，這樣的想法在現代社會的消費習慣下，是值得商榷的。他們認為，顧客所得到的價值並非單一廠商創造的，而是由廠商和消費者的互動關係，加上其他合夥人與結盟者的參與而共同創造出來的。例如，傳統的書店被認為是一連串出版價值活動的最後一環，它承擔陳列與銷售的功能。但是，在現代讀書人的心目中，書店除了具有購買書籍的功能外，還有更多的期望，這些期望包括：舒適的閱讀環境、精采的專題演講、愉悅的朋友交談空間，以及充足的文藝訊息。因此，現代化書店的經營，一方面可以透過貴賓卡的方式，和這些愛書讀者建立起親密的關係，另一方面又和咖啡屋、雜誌社、電傳資訊網路、名嘴專家合作，讓愛書人在書店中除了買書外，還可以和好友聊天、看看當期的各種雜誌、了解最新的藝文活動，以及聽到精采的演講，讓所有的需求能夠一次得到滿足。這種由許多成員集結而成的星系價值網路，是廠商創造差異化競爭優勢時，另一個特別值得思考的方向。

結 語

　　有效運用資源、增加社會價值，原是企業存在於社會的基本正當性來源，因此，以價值爲核心本質發展出來的策略邏輯，理應列於首要地位。由於價值的高低主要來自顧客的主觀認知，因此，經營決策者以敏銳的眼光掌握消費趨勢，便成爲制定良好策略的重要前提。近年來，感性消費日漸增強，銀髮族市場興起，個性化要求提高，同時，全球風行的消費口味日趨強烈，凡此種種，均顯示新的機會不斷在出現，廠商如果能配合新出現的價值缺口，並據以調整本身的商品組合及價值活動，必能開創出一片新天地。

　　以價值爲本質的策略邏輯，從消費者的需求出發，較能符合社會大眾的利益。但近年來，廠商運用強力的行銷手段，試圖導引創造消費者虛幻的購買需求，雖不違法，但仍有道德上的爭議，策略決策者心中自應有一把良心尺，做出兼顧公益與私利的策略決策。

　　進一步言，廠商在創造價值時，除了行銷活動外，眞正有貢獻而能長期維持競爭優勢的，是各種商品組合的發明、各個價值活動的創新，以及價值鏈的重組，能夠在這些方面努力，才能眞正爲消費者帶來更多眞實的效用，也才是企業經營者立足於社會，眞正受人推崇與敬重的地方。

效率說

追求規模經濟與範疇經濟所創造的效率，
是現代工業資本主義下
企業成長與競爭的基本動態邏輯。

——錢德勒（Chandler）

企業存在的基本任務是創造價值、滿足顧客的需求。在現代企業的經營環境中，要能辨識顧客的需求缺口並掌握改變趨勢，一方面須依賴經營決策者敏銳的經營嗅覺，一方面則依賴科學的行銷調查。前者主要來自個人的能力，很難加以學習；後者憑藉良好的管理能力，值得企業努力。但是，管理知識日益普及，能夠辨識顧客需求的行銷能力，並不易形成獨特的競爭優勢。因此，掌握顧客價值需求固然重要，而能夠更有「效率」的創造出價值，才是企業形成競爭優勢的重要關鍵。

企業創造價值過程中的「效率」，一方面導因於技術不斷的改進與創新，這包括替代原料的尋找、新技術的運用、新製程的引進，以及產品的重新設計等等，凡此種種，均有賴於工程與技術專家的努力；另一方面，界定適當的營運範疇、追求大量生產的局面，同樣能夠提高創造價值過程中的效率，而這正是經營決策者另一個值得重視的策略思考邏輯。

觀察企業成長的動態過程，確是在不斷的追求「規模經濟」與「範疇經濟」所創造的效率中成長茁壯的。哈佛大學企業史教授錢德勒（Alfred D. Chandler, Jr.）〔1990〕，在他的《規模與範疇》（*Scale and Scope*）一書中，回顧了歐美工業國家成功企業的成長歷程，都看到同樣的故事：企業先憑藉特殊的技術取得市場利基，接著增加投資、擴大市場，追求規模經濟效益，取得領導地位。隨後，發展相關產品，進入新的領域，以充分實現「範疇經濟」效益。然後，再嘗試開拓新產品的市場佔有率，進一步實現另一個規模經濟利益。在「規模」與「範疇」這兩種利益的交互驅使下，企業中的規模便愈來愈大了。這種現象在由專業經理人負責營運的企業尤其明顯，因此，錢德勒將其稱為「管理者企業的

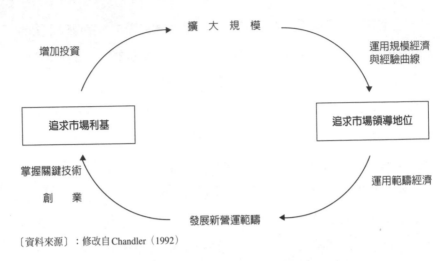

擴 大 規 模

增加投資

運用規模經濟
與經驗曲線

追求市場利基

追求市場領導地位

掌握關鍵技術

運用範疇經濟

創 業

發展新營運範疇

〔資料來源〕：修改自Chandler（1992）

圖2‧1　以效率為核心的企業成長策略動態邏輯

重要邏輯」。他認為，這是在現代工業資本主義下，企業成長與競爭的動態邏輯。

以上所述的，正是以「效率」為核心所發展出來的策略邏輯，這項邏輯中包含了三個重要的觀念：規模經濟（economy of scale）、經驗曲線（experience curve）和範疇經濟（economy of scope），以下分別加以說明之。

規模經濟

規模經濟是一個古老的經濟觀念，自從亞當‧史密斯（Adam Smith）提出分工的重要性後，經濟學者就開始討論有關規模經濟和最適規模的

觀念。所謂規模經濟，在一般的經濟學裡是這樣定義的：當廠商以「同」比例增加所有要素投入時，若產量的增加超過此一比例，則稱為「規模報酬遞增」；若是少於該比例，則稱為「規模報酬遞減」。以普通的話來說，規模經濟是「透過數量的增加，使平均單位成本降低」。

根據錢德勒教授〔1990〕的研究，規模經濟的追求，實在是產業發展歷史過程中，最早經多次驗證的基本法則。

> 一八八一年，洛克斐勒結合標準石油公司與三十九家結盟公司，組成標準石油托拉斯。經由標準石油托拉斯管理當局，將大約佔全球四分之一的產能設備，重新規劃成三座日產六千桶石油的煉油廠。透過規模經濟的作用，每加侖石油的單位成本，從一八七九年的二點五美分，大幅降低到一八八四年的零點五美分，以及一八八五年的零點四美分，足足減少了五分之四。標準石油公司的產品，進而得以在歐洲市場與蘇俄的石油競爭，也能在中國市場與當地生產的石油競爭，並且還能以獲得的利潤，開創其他三種以上睥睨全球的產業。

類似的故事同樣出現在國內企業經營的各個層面：國內汽車業各種車型的生產數量，遠較美日車廠為低，因此，生產成本足足比國外廠商高了百分之三十以上；統一超商便利商店由於分店數多，每種產品的採購成本便較其他同業低了百分之二十以上。這些都是規模經濟的具體實例，這些例子對於策略決策者應有相當的啟發性，但要將其運用在策略邏輯上，實應先了解規模經濟的來源。

來　源

「成本的不可分割性」可以說是產生規模經濟現象的主要成因。例如，某些機具設備必須整件購買、不能分割，因此，機具設備的充分運用與否，便成為平均單位生產成本高低的基本關鍵。換言之，如果機具設備可以設計成較小的形式，而使成本呈等比的降低，則規模經濟的現象便不明顯了，因此，「成本的不可分割」可以說是產生規模經濟利益的基本前提。

傳統經濟學家對規模經濟的討論，以生產活動為主，同時，以整個廠商為算計的單位。筆者在〈價值說〉中曾經說明過，每一家廠商均是各種不同價值活動的集合體，這些活動包括採購、生產、行銷及種種支援活動，而每一個價值活動均存在效果不同的規模經濟利益，因此，規模經濟利益至少包括：

■生產的規模經濟

大批量生產能降低平均生產成本，這是最古老的規模經濟概念。中韓錄放影機的發展經驗，其實是說明生產上規模經濟的最好例證。

> 一九七九年，台灣、韓國同時著手開發錄放影機，台灣為大同公司，韓國為三星公司。隨後幾年，各公司的產能均大幅擴充，到了一九八六年，韓國的產能七百萬台，台灣約一百三十萬台，產能比為五點三比一；而實際的產量，韓國為五百萬台，台灣為九十萬台，產量

比為五點五比一；外銷量，韓國三百四十萬台，台灣十七萬台，外銷量比為二十比一。銷售數量和產量的差距，使得台灣錄放影機失去競爭力。若以出口平均單價觀之，平均外銷單價韓國一百七十五美元，台灣二百美元，台灣的售價高於韓國百分之十五。

造成台灣與韓國兩國間錄放影機競爭力差異的主要原因之一是，因為錄放影機的重要組件——磁鼓——的最低有效生產規模為每月四萬個。如果不能生產到這個數量，則生產成本便無法降低，由於該產業的規模經濟現象非常顯著，所以，規模愈大的企業便能獲得愈高的競爭優勢。

■採購的規模經濟

大量採購能降低進貨成本。除了製造廠商在原料採購方面具有採購的規模經濟外，目前社會上所見的各種連鎖店，如速食、便利商店、大批發，均因店數的增加而在採購上擁有很高的折扣優待。台灣九家家具業者，聯合組成台灣統聯國際家飾公司，透過聯合採購來共同分擔運費、自力購買船期，不但提高了議價能力，且與上游供應商建立良好關係，更使得成本能降低百分之五十以上。

■配銷的規模經濟

高營業額使廠商可以建構較完整的配銷體系，進而降低配銷成本，統一超商是一個很好的例子。統一超商由於分店家數多，已能夠自建一個完整而又有效率的物流系統。

■廣告的規模經濟

廠商同一時刻訂購較大量的平面或電視媒體廣告，通常能獲得較佳的折扣，有利於廣告費用的節省。另一方面，廣告通常具有較明顯的門檻效應，根據許多學者的研究，廣告量若不能達到一定的程度，幾乎毫無效果可言，因此，企業的營業額和廣告的平均單位成本，通常呈明顯的反比現象。

■財務的規模經濟

大廠商由於信用佳，和金融機構往來頻繁，自銀行貸款通常能得到較低的利息優待，一般而言，最多可差到三到五個百分點。另一方面，大企業透過股票市場籌措資金時，由於發行量大，再加上大公司的知名度吸引投資者，單位的募集成本通常亦較低。這都是財務上的規模經濟。

■研究發展的規模經濟

研究發展活動，尤其是基礎的技術開發，需要有大量資金的投資，同時具有明顯的風險性，因此，通常亦具有明顯的門檻效果。換言之，公司投入的研發經費如果不能達到一定的金額，是不可能產生出具體的效果的。

■管理的規模經濟

企業達到一定規模後，方有能力建立完整的內部管理制度，同時透

過連鎖經營方式——如便利商店或國際性旅館——分享既有的管理制度，使得每一營業單位所須分擔的管理制度成本降低，這便是明顯的規模經濟效益。另一方面，規模大的企業，在內部人才培訓與調度各方面，均更具彈性，亦可視爲是另一種形式的管理規模經濟。

以上是企業內部規模經濟來源一些簡單的介紹。如果我們將企業活動再進一步細分，還可以發現更多規模經濟的來源，由於思考的方式相同，不再贅述。但是，值得注意的是，由於每一個價值活動的特性不同，因此，「最適規模」亦不相同。以汽車業爲例，一部新設計的汽車，在生產裝配方面，年產量需要達到二十萬輛，才能達到最適經濟規模，但某些零件只需要生產兩萬個單位，便可達到最適經濟規模。其他在配銷、廣告、研發各方面的最適規模亦不相同，如何調適彼此間的差異，便成爲一項非常重要的策略課題。

策略邏輯

我們了解了規模經濟的意義和來源後，接下來討論以「規模經濟」爲核心本質的策略邏輯，以下四點值得參考：

■辨別技術特質，追求最適規模

由於規模經濟所帶來的成本節省差距，可以達到百分之二十以上，對於企業經營可以說具有關鍵性的影響，因此，如何辨識每一個產業技術的特質，追求最適的業務規模，便成爲重要的策略目標。爲了達到這

個目標，有兩個配合做法是最常見到的：

第一，利用低價傾銷市場，追求高市場佔有率，以盡早獲取規模經濟利益。日本汽車與韓國錄放影機、微波爐進攻美國市場時，均曾採用這種策略。換句話說，廠商在確定有明顯的規模經濟效果時，不一定要以目前之成本定價，可以目標成本爲定價基礎。

第二，運用剩餘的產能替其他公司代工，扮演OEM的角色。這種做法同樣能夠讓產能得到充分利用，降低生產成本。代別人生產，不僅可以在代工部分賺得部分利潤，同時，也可使本公司產品的平均成本降低，具有更佳的競爭地位。當然，替其他公司代工，有時會培養出一些競爭者，但仍不失爲一個值得參考的策略作爲。

■聯結不同最適規模的價值活動

前面曾經提到，企業營運中，各個價值活動的最適經濟規模並不相同，有些企業規模經濟利益只出現在某個特定的價值活動，因此，如何處理各個價值活動間的聯結，便成爲一項重要策略課題。

例如，在速食業中，可以簡單的區分成四個價值活動，這四個價值活動的規模經濟利益不完全相同，以下簡單說明之。

1. 採購活動：包括各種商品（如牛肉、麵包等）的採購，一般而言，採購量大時，能夠帶來非常明顯的規模經濟利益。

2. 店址與機具設備活動：增加任何一家新的速食店，均必須有一個新的店面，以及一套新的設備（包括烹調、冷藏、冷凍、座椅等），因此，店址與機具設備不會因爲增加店面數而降低平均成本。

3. 行銷活動：包括透過媒體所做的各種廣告與公益性活動，如贊助

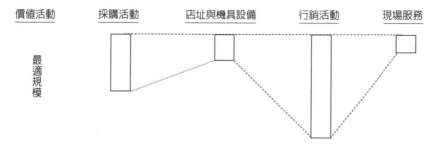

價值活動　　　採購活動　　　店址與機具設備　　　行銷活動　　　現場服務

最適規模

〔說明〕：線段代表最適經濟規模的大小

球隊或運動活動等等。由於這類活動均有一定的門檻效果，因此，速食商店數目的增加，將使行銷費用支出得到更多的分攤，可以說具有非常明顯的規模經濟利益。

4. 現場服務：包括倉儲、品質的管理人員及櫃台服務人員等。在營運形式（如開放時間、基地坪數）接近的情況下，各個速食店的人員及配備非常接近，不會因為速食店數的增加而使該項成本有任何的節省，因此，不存在任何的規模經濟利益。

在上述例子中顯示，以效率為核心的策略邏輯，是讓具有規模經濟利益的價值活動盡量擴大，以降低成本；而對於那些沒有規模經濟利益的活動，則盡量維持小規模營運方式，以避免形成無效率。至於兩個最適經濟規模不同的價值活動聯結，實務中常出現兩種不同的策略作為，值得大家學習：

第一，利用連鎖加盟的方式，有效結合這兩類活動中的歧異。亦即，一方面讓不具規模經濟利益的價值活動（包括店址、機具設備與現場服務人員），由加盟者自行負責，維持小規模經營的形式，另一方面則讓具有規模經濟利益的價值活動（如採購、行銷），由中央經營者統

籌。如此，規模經濟利益得以實現，而部分不具規模經濟的價值活動，仍能維持其小規模經營的彈性，是一個不錯的安排。

第二，讓具有規模經濟利益的價值活動成為一個完全獨立的新事業。例如，在零售業中，便利商店原具有採購與物流的規模經濟利益，但是，有眼光的企業家立刻推出大批發商場，以大量採購方式降低進貨成本，做為一般零售業者的超級市場，實現採購規模經濟利益；同時，又成立物流公司，建構完整的倉儲配銷體系，實現儲運上的規模經濟。這些簡單的例子顯示，規模經濟可以用很多不同的方式來實現，同時，亦往往是創業的最佳機會。

■細分產品，形成模組

近年來，消費者偏好有特異化、個性化的趨勢，許多廠商對產品的生產均採少量多樣的產品策略，以滿足顧客的需要。但是，這種做法往往使得產量減少，不符合經濟效益。

為了克服這項難題，同時，兼顧產品多元化與生產規模經濟的要求，採行模組化策略是最佳的做法。最近幾年來，台灣家具業異軍突起的興邦企業，便是一個很好的例子。興邦企業將各種形式的家具加以重新分解研究，掌握各種家具的基本規格，然後透過組合的方式，來提供各種不同形式的商品。這種做法，一方面滿足了顧客多元化選擇的要求，一方面亦達到生產上的規模經濟效果，是一個值得參考的做法。

■兼顧成本效率與產品價值

規模經濟利益可以帶來非常明顯的成本優勢，往往能為運用這項策

略邏輯的廠商帶來極高的競爭力。但是，在從事策略設計時，值得注意的是，價格並非消費者唯一考量的購買標準。利用別樹一格的差異化策略，以小而精緻的產品形成極高的價值感，亦是值得考慮的策略方向。在服務業中，這種兩極化發展的趨勢更是明顯：我們一方面看到遍布全球各地連鎖經營的速食店，一方面則看到以特殊手藝招攬顧客的高級餐飲店；一方面看到全省連鎖經營的美容店，另一方面則看到以特殊造型著稱的美容工作室。這些實例清楚顯示：有些企業以追求「高效率」為策略的核心本質；有些企業則因應分眾時代的來臨，以追求「高價值感」為核心本質。這兩種完全不同的策略邏輯，正同時並存於現實環境中。

經驗曲線

企業在考量追求效率的策略作為時，另一個必須有效掌握的觀念是「經驗曲線」。企業能否採行低成本策略，應看本產業是否有明顯的經驗曲線存在。

經驗曲線和規模經濟的觀念很類似，但有些微不同。經驗曲線意指，當生產的累積數量增加後，相對應的平均成本下降。早在一九一○年代初期，許多業者便了解這種現象的存在——福特推出 T 型車，便是有效運用經驗曲線得到成功最著名的例子。

一九○七年，汽油引擎在長達二十五年的激烈競爭後脫穎而出，汽車公司終於找到一種可以長期使用的產品，從事大量生產以及行銷

計畫，把汽車從珍貴稀少的商品帶入消費大眾群中。

隨後，美國汽車開始一段驚心動魄的爭戰。先是通用公司在經濟衰退之際擴張產能，發揮大量生產的效果，一時之間，通用公司的市場佔有率大幅上升，而許多生產廠商則被迫退出市場。

一九〇八年，福特汽車推出外型簡單而堅固的Ｔ型車，向通用公司的別克汽車挑戰，市場反應不錯，但市場佔有率仍落後別克汽車。

一九一〇年，汽車市場在各大汽車公司行銷活動的刺激下快速成長，許多公司開始提高售價，以在需求過於供給的市場中獲得更多的利潤。福特公司的高級顧問們也紛紛向福特建議，盡快調高價格以便收割市場。但是，福特沒有接受顧問們的意見，他非但沒有像別克汽車一樣調高售價，反而宣布降價五分之一。這一年，亨利‧福特的定價策略使得銷售量增加百分之六十，Ｔ型車的市場佔有率因而遠遠超過了通用的別克汽車。

福特在這事件中學到一些經驗，當一九一四年經濟衰退之際，他又再度削減售價，銷售額因此直線上升，而其他的公司則紛紛倒閉。福特在一連串的削價中，更做了一個歷史性的決定——他把工資增加了一倍，達到史無前例的「五美元一天」。輿論與股東都不能接受他的策略，指責他對利潤漠不關心。對於這些批評，福特都以勝利者的口吻反駁道：「如果你能降低售價和提高工資，錢就會落在你的手中，使你無法從錢堆中抽身而出。」事實顯示，一九二〇年之前的整個期間，雖然他的毛利率一直很低，但是利潤和淨值之比，始終維持在百分之二十至三十之間，是當時汽車工業中獲利最高的公司。

福特成功的故事是經驗曲線最好的詮釋：福特公司因為工人的技術隨著生產量增加、經驗累積而愈來愈進步，使得生產某一物品所需的勞工時數，隨著產出單位的增加而逐漸減少，同時，福特的高工資政策，大量減少生產線工人的流動率，使得工人的學習曲線更能發揮效用。

類似福特汽車運用經驗曲線創造低成本優勢的案例屢見不鮮。一九六〇年代以後，波士頓顧問公司（Boston Consulting Group）曾針對此一現象進行系統性研究，在在均指出同樣的結論：生產的加值成本隨累積生產經驗的增加而遞減，這便是經驗曲線。此項經驗曲線甚為具體可見，且可做明確的預估。凡是累積生產產出增加一倍時，加值成本通常均有一定百分比的降低。在日常的企管用語中，「百分之八十經驗曲線」便是指，累積產出加倍時，成本降低了百分之二十。

成　因

要有效應用經驗曲線，宜先了解形成經驗曲線的基本成因。許多學者對此一現象均有不同的解釋，一般言之，較重要的理由有三：學習效果、科技進步與產品改善，以下分別加以說明。

■學習效果

此一觀點基本上認為，人從事工作，只須一再重複便能自我學習，使工作做得更快、更有效率，此一論點符合一般人的經驗。傳統的學習效果常見於生產作業，其實，在文書、行政、銷售等各方面的工作，亦同樣可見到這種現象。

■科技進步

　　企業在從事某項工作一段時間後，不僅使得作業人員技巧熟練，同時清楚掌握了所有作業的程序與特質，較容易進行生產製程改善，並引進適當的機具設備代替人工作業，這些作為當然提升了作業的效率。

■產品改善

　　當企業生產某一產品一段時間後，能夠清楚的知道顧客的需求與偏好。產品經過設計改善後，往往能在不影響產品功能的情況下，使構成的零件減少，裝配作業減輕，因此成本得以下降。例如，美國某型汽車車門的門鎖裝置，一九五四年時係由十七項零件構成，一九七四年經過簡化後，便只需四項零件。若以真實幣值估算，這項簡化使成本節省達百分之七十五以上。

策略邏輯

　　經驗曲線的概念，對經營決策者而言，有幾項非常重要的策略意義。

　　首先，決策者應清楚的辨識，經驗曲線在本產業中存在的實際狀況。一般來說，高成長、加值高、連續製程及資本密集的產業，具有較明顯的經驗曲線效果，例如半導體產業、鋼鐵工業等。尤其是半導體產業，IC生產的良率和作業人員的經驗累積，往往有極密切的關係，亦是產業競爭成敗的關鍵。

其次，在經驗曲線效果明顯的產業中，企業必須先期爭取市場佔有率，以快速擴增產業，累積經驗效果，尤其是在產業成長階段的更為重要。企業在爭取市場佔有率時，有兩點策略作為是值得參考的：(1)企業既然能夠預測未來成本，因此，在研定價格時，便可以預期成本為依據，而不必僅以現有成本為憑，如此便能以較低的價格滲透佔有市場；(2)企業在追求市場佔有率時，應注意自行吸引新的顧客，較之從競爭者手中將顧客搶過來，應更為容易，同時較不易讓競爭對手感受到威脅，有助於策略的執行。

第三，從經驗曲線的成因，吾人可以了解，經驗曲線的效果不全然來自同一種產品，例如，企業生產電視機的經驗，其實很容易可以轉移到生產電腦終端機上。因此，仔細分析企業內部各產品的相關性，並有效的分享與共用既有的經驗，是一項有助於效率提升的策略作為。

第四，經驗曲線即使在某一產業中有明顯的效果，但它不會自動出現。企業應有主動的作為，才能促使經驗曲線的效果發揮至極大，這些做法包括作業人員的訓練、機具設備的改良、自動化設備的引進投資、產品零件的重新設計，以及品管圈的推動等等。企業若能在這些方面著力，對效率的提升與成本的降低均會有很大的助益。

範疇經濟

規模經濟與經驗曲線，均是經營決策者追求效率時非常重要的基本邏輯。除此之外，許多企業還透過營運範疇的擴大，以共享資源，進一

步降低生產成本。例如，歷史悠久、規模最大的化學公司——西德的拜爾公司，平均產銷五百種以上各式各樣的染料與藥品，由於各產品共同分擔了研發、購料、生產與行銷等各方面的成本，因此，產品的單位成本遠低於其他小規模的競爭者。這種因為「營運範疇」的擴大而帶來的經濟效益，即稱為「範疇經濟」。

和範疇經濟類似的概念，早在一九六五年便由策略大師安索夫教授（Igor Ansoff）〔1965〕提出。他認為，企業在進入一個新的市場或新的業務領域時，應充分發揮「2＋2＝5」的「綜合效果」（synergy）。這項效果，在一般策略書籍中簡稱為「綜效」，和經濟學者所說的「範疇經濟」，在意義上是大致相同的。

類　型

從實務中觀察，綜效或範疇經濟同樣可以來自廠商價值鏈中的每一個價值活動。大致來說，以下這四項是最值得重視的：

■銷售活動

在銷售活動中，不同的產品共用同一個配銷通路、同一個銷售行政部門，或共用同一個成品倉庫，都是範疇經濟的典型例子。除此之外，在銷售活動中，銷售人員的「搭配推銷」、共同進行廣告與促銷活動，以及分享品牌與聲譽等，都能達到資源共享的效果。

■作業活動

作業活動上的範疇經濟，包括人員與設備的充分利用、間接費用的分攤、經驗曲線效果的分享，以及大批採購的折扣利益等等。在作業活動中，資訊與資料庫的共享，是現代企業經營中最值得注意的範疇經濟來源。《中國時報》成立時報資訊公司，便是藉由資訊的共用來產生範疇經濟的最好例證。

《中國時報》的編採作業流程電腦化後，電子式資訊之再利用，幾乎不需要什麼其他額外成本。所以，《中國時報》便藉此進入電子資料庫服務業，成立「時報資訊公司」，提供即時資訊服務，透過電腦網路、電話電傳視訊、有線電視網等各種不同的媒介來出售其資訊。

■投資活動

企業進行的各項投資，如土地、廠商、研究發展、機具設備等等，若能讓多個業務領域共同使用，則可以產生投資活動上的範疇經濟。國內每所大學均投資很多的預算在電腦資訊設備上，以供校務行政及教學使用。但到了暑假期間，使用率會大幅降低，如果轉借給大學聯招會進行聯考相關作業使用，或開辦推廣教育班，便能充分運用現有設備，降低平均使用成本。這些做法，均是在追求電腦資訊設備的範疇經濟。

■管理活動

管理活動包括，建立經營團隊、設計組織制度、塑造企業文化以及處理緊急危機等等。這些管理活動較沒有行業間的差異，因此，當企業

走向多角化時，最容易充分運用此一既有的能力，獲得經營上的優勢，這種效益即是管理上的範疇經濟。國內的「台塑集團」，素以其優良的管理制度著稱，其管理方式以講求「制度化」、「標準化」、「合理化」著稱，目的皆在降低經營成本。台塑運用在管理石化產業中所得到的經驗，跨入醫療服務業、印刷電路板業，得到同樣的成功，便是藉由管理制度與理念的共用來獲得經營上的優勢。

由以上各種範疇經濟的類型，吾人亦大抵可以了解，範疇經濟主要是因為企業內部有一些剩餘資源，但是這些資源無法分割，不能分別單獨使用。由於資源具有這兩個特性，因此，企業必須透過內部多角化的方式，才能讓資源得到充分運用，達到資源共享的目的，這便是本節所探討的範疇經濟。

策略邏輯

範疇經濟是透過同時經營多個不同的營運範疇、共同進行某些價值活動，以分享資源，降低營運成本，因此，由範疇經濟發展出的策略邏輯，主要集中在多角化策略與資源共享兩方面，以下簡單說明之。

首先，企業應經常檢視企業現有的資源與價值活動的狀況，了解資源是否有剩餘或增加利用的可能性。當然，經營決策者如果發現，某些資源的增加使用不須增加任何成本（即邊際使用成本近於零），同樣表示企業目前有剩餘資源。

其次，企業應思考哪些新的營運範疇可以充分運用這些剩餘資源，如果發現某些業務領域的擴張可以充分運用這些資源，則可以考慮進行

多角化以追求範疇經濟效益。

當然，在進行多角化之前，經營決策者應深入分析，新的事業範疇所需的各項技術與資源是否均能有效掌握。吾人應切記，營運範疇擴大固然能夠實現範疇經濟利益，但若不小心進入一個完全陌生而又無法掌握關鍵技術的領域中，所可能招致的經營風險有時是更大的。

因此，經營決策者在準備進行多角化時，應反過來重新思考，目前剩餘資源是否確實無法分割出售。在許多情況下，將剩餘資源「出售」所得到的利益，遠較自行運用來得大。例如，工廠有剩餘的產能時，可以考慮替別人代工，不一定要自行生產其他產品。又如，企業建立了一個卓有聲譽的知名品牌，亦可以用品牌授權的方式，實現品牌的範疇經濟，不一定要自行多角化。

最後，經營決策者經過反覆研判後，若認為多角化確是追求範疇經濟的唯一方式時，還應謹記，範疇經濟需要透過組織活動才能具體實現。例如，一家同時經營兩個行業的企業，可能具有採購與銷售兩方面的範疇經濟。但是，這項利益實現之前提是，企業內部有一個統一的單位來負責共同採購與銷售的活動，否則各行其是，很難達到資源共享的目的。因此，在追求範疇經濟利益時，管理制度與組織分工的配合調整是絕對必要的。

結　語

效率其實是經營管理活動的本質。管理理論的發源者泰勒博士，在

本世紀初所倡導的科學管理新觀念，便是以生產效率的提升為基調。後人認為，泰勒最大的貢獻，是提供了一套分析問題的方法，以尋找最佳的作業方式。他首先把每一工作——從擬定開會議程以至裝配車門——細分成各種動作，然後定出可衡量的標準；管理者則利用客觀的數字，測量員工的生產力，然後再加上適當的獎金制度，讓員工的體力與腦力發揮到極限。

泰勒相信，就連日常最簡單的事都有「最好」的方法，而唯有科學研究才能找出這種做法，只要找到這種做法，人人都將受惠。因為，生產成本降低，利潤隨之提升，不僅是股東，員工也能得到厚厚的一疊紅利。

泰勒這種重視效率的管理方式，有時候固然受到批評，認為他的觀念不合人道主義，但是，他所強調的效率作為，毋庸置疑地，確實對全世界產業界造成深遠的影響。

以目前管理理論發展的情況來看，在所有的管理學課本中，均強調「效果」（effectiveness）與「效率」（efficiency）對組織是同等重要的。這句話絕對正確，但對受薪的管理階層而言，除了洞燭機先、掌握市場機會外，如何讓這些剛出現的市場機會，能夠以更有效率的方式去執行與實現，無疑是更重要的任務。我們可以肯定，「效率」是專業經理人從事各項管理工作的基本邏輯，亦是專業經理人立足於企業組織中最重要的正當性來源。組織效率的發揮可以從各方面著手，作業改善、員工士氣提升、組織制度調整等等，都有助於效率的提升，而從策略層面思考，追求「規模經濟」、「經驗曲線效果」與「範疇經濟」的效益，自然具有更大的影響效果，是專業經理人應謹記的策略邏輯。

更進一步言，規模經濟、經驗曲線效果與範疇經濟雖是古老的效率概念，但是，在當前的企業經營活動中，依然是最重要的理念。目前流行的策略聯盟、異業合作、服務業中的連鎖經營等等，均是以追求規模經濟與範疇經濟為重要之利益來源。展望未來，知識與資訊將成為企業活動中核心之生產要素，這兩項資源的投入成本很高，但邊際使用成本非常低，具有更明顯的規模經濟與範疇經濟，因此，熟悉以效率為核心之策略邏輯，實在是企業在未來經營成功的關鍵。

運用規模經濟、經驗曲線或範疇經濟做為策略思考的基本邏輯時，另一項值得特別注意的是，上述這些效益的來源和產業技術特性息息相關，因此，宜特別留意技術發展的趨勢，避免在追求效率利益時所做的許多重大資本投資，以後會成為企業無法動彈的最大負債。事實上，每一次技術的突破與創新，均是企業經營典範的革命：生鮮防腐處理技術的突破，使得食品業明顯趨向大規模經營形態；彈性製造技術的發明，則使成衣製造很容易走向少量多樣的生產形態；造船技術的突破，使得大型油輪運輸成為最經濟的運輸方式；有線電視技術的興起，則又使得小眾傳播成為主流。凡此種種，均顯示技術的變革與經濟規模的不同，常根本改變了產業的遊戲規則，是企業經營者在追求效率利益的同時不可不謹慎應對的事。

資源說

經營是持久而執著的努力，
唯有不斷的累積資源，
才能打造不敗的組織能耐。

策略執著

　　企業在進行策略規劃時，有兩種不同的策略思考邏輯：一爲由外向內型，即有效配合外在環境變化的趨勢，適當調整企業本身的營運範疇；另一爲由內向外型，亦即持續建構，並運用本身的經營條件，以對抗外在環境的變化。過去，絕大多數的策略理論和實務做法，都認同「識時務者爲俊傑」的基本想法，認爲個體力量不足以對抗環境變化的大趨勢，如果企業所處的市場不具發展潛力，或本身不具競爭條件，則應趁早調整策略方向，以避免造成更大的損失。

　　美國企業多數相信這樣的邏輯。七〇年代末期，戰後嬰兒潮多已成家立業，新出現的家庭逐漸減少，對家電業者來說，市場已漸趨成熟，加上技術沒有重大突破，廉價外貨又強力進入美國市場，許多業者對未來均不抱樂觀的態度，因此紛紛退出家電業的經營。目前，在全球家電市場中，幾乎沒有美國廠商的品牌了。

　　這樣的思考邏輯最近受到很大的質疑。許多日本公司在市場上遭遇挫敗時，並不退卻，反而會繼續堅持下去。日本公司認爲，只要某一產業或市場，對該公司的生存及發展仍有策略上的重要性時，就應盡一切努力，在該產業或市場取得一席之地，新力公司便是一個典型的例子。在一九七〇年代後期，家電業趨向成熟後，世界知名家電廠商紛紛多角化，新力公司卻仍執著於該產業，終於在隨身聽收音機、錄放影機等方面有了重大的突破。到了一九八〇年代初期，新力公司的Beta錄影機吃

了敗仗，幾乎被市場淘汰出局，但是，該公司仍未放棄此一領域，積極推出V8攝影機，與JVC、松下對抗。如今，V8攝影機的市場佔有率不斷擴增，在日本市場已達百分之八十。這使得新力又有了擊敗JVC、松下的一線機會，因為就長期而言，消費者應當會喜歡更小、更輕的V8攝影機。

新力公司的案例其實只是一個代表而已，類似的做法，在許多日本公司中非常普遍。這種「策略執著」的理念，與西方企業「適應權變」的作風，正好形成一個非常強烈的對比。

核心資源

策略執著並不只是一種經營哲學，而是具有實用價值的策略思考邏輯。從學術角度觀察，這個概念亦並非日本企業的專利，美國的學者們亦提出相同的觀點。Prahalad 和 Hamel〔1990〕，在深入研究過許多多角化的大公司後發現，傳統的多角化經營理念，把企業視為眾多事業綜合體，在分權的基礎上，期望各個事業為公司賺得最大的利潤。然而，這種做法從經營的觀點看，只能讓各事業單打獨鬥，無法形成團隊力量。因此，這兩位學者認為，為了迎接日益激烈的全球競爭，企業更應像一棵大樹，枝葉扶疏固然好，但最重要的是基幹要穩固——這就是組織的核心資源。

換言之，從表面看一家公司的競爭力來自產品的價格與品質，然而，能在全球競爭中得以成功的廠商，不論是西方企業還是日本公司，

均有能力發展出類似的成本水準及品質標準，彼此間並無太大的差異，無法形成重大的競爭優勢來源。因此，長期而言，一個企業競爭力的強弱，須視公司是否能夠建立核心競爭力，且能以較競爭者更低的成本及更快的速度，不斷開發出競爭者想都想不到的產品。

更具體的說，要讓企業具有競爭力，必須長得像一棵大樹：核心產品構成這棵大樹的主幹及較粗的枝幹；較細的枝幹則是個別事業單位；樹葉、花及果實，則為事業單位生產的最終產品。至於提供養分、生命力及穩定力的根部組織，乃是企業的核心資源。正如我們不能只注意一棵大樹的葉子，而忽視這棵大樹的力量；同樣地，我們不能只注意企業的產品，而忽略了組織的核心資源。事實上，尋找、創造與累積企業的核心資源，打造組織能耐、形成較佳的競爭力，已成為九〇年代評估高階經理人的重要標準，也是企業應持久努力的核心策略課題。

內　涵

企業擁有或創造的核心資源，既然是形成組織能耐的關鍵，因此，有必要就資源這個課題，做更深入的了解。從實務中觀察，可以發現，具有策略價值的核心資源的內涵，其實非常多元，品牌、通路、特殊技術、專業能力等，都可能成為核心資源。筆者歸納多位學者的看法，將資源分為資產與能力兩部分：前者是指企業所擁有或可控制的要素存量，並可區分成有形資產與無形資產兩類；後者則是指企業建構與配置資源的能力，又可分成組織能力與個人能力兩部分，以下分別說明之（請參見**表3・1**）。

表3‧1 策略性資源的內涵

資	有形資產	實體資產	土地廠房、機器設備
		金融資產	現金、有價證券
產	無形資產	品牌／商譽、智慧財產權（商標、專利、著作權、已登記註冊的設計）、執照、契約／正式網路、資料庫等	
能	個人能力	專業技術能力 管理能力 人際網路	
力	組織能力	業務運作能力 技術創新與商品化能力 組織文化 組織記憶與學習	

■有形資產

有形資產包括，具有固定產能特徵的實體資產以及可自由流通的金融性資產，這些資產通常在公司的財務報表都有清楚的顯現，毋須特別討論。

■無形資產

無形資產包括各種類型的智慧財產，如專利、商標、著作權、已登記註冊的設計，以及契約、商業機密、資料庫、商譽等。這些資產在傳統的財務報表雖然未表達，但所有權仍清楚的歸企業所有，在企業買賣的過程中亦會被清楚的算計，是企業擁有的重要資產。

例如，日本本田公司擁有多汽缸科技專利，它將這項技術應用於機

車、汽車、剪草機及發電機設備。又如，佳能擁有光學及鏡片研磨等核心科技，這些技術可應用於平版照相、照相機及影印機等產品。除此之外，佳能又將它們應用於平版照相設備的迷你馬達，裝在照相機裡，如今更用於影印機內。這些技術都可以說是公司最重要的無形資產。

■ 個人能力

一個企業能取得較佳的競爭優勢，往往是其擁有某些關鍵人物，如松下公司擁有松下幸之助、台塑公司擁有王永慶、唱片公司擁有某一位知名的歌星等等，這些人（及其擁有的能力）都是企業重要的資源。

個人能力若加以區分，可以再分成三大類：

1. 與特定產業（或產品）有關的創新與專業技術能力：如歌星的金嗓子、微軟（Microsoft）公司總裁比爾·蓋茲對電腦的專業能力等，均和其所處的產業有直接且重要的關聯，亦是公司成敗的關鍵。

2. 管理能力：亦即統領企業的能力，使克萊斯勒汽車公司起死回生的艾科卡、經營之神王永慶都具有這樣的能力，他們的存在，事實上相當程度決定了企業的成功。

3. 人際網路能力：在企業經營中，無論是促進企業內部的溝通協調，或是促成組織間的交易往來關係，都有賴於良好的人際關係，這種現象在強調人情面子的東方社會中尤其明顯，因此，人際網路能力便成為企業營運中關鍵性的資源。在國內外學者的研究中，均清楚的指出，人脈關係隱含了承諾、了解、信用與義務四個特質，它能提供大量有關統合、協調、評估以及溝通等各方面的功能，這些功能除了有助於應付多元化、快速變遷的外在環境外，對於企業家在創業過程中外部資源的

取得，往往有更實質的幫助，是一項不可忽視的能力。

■組織能力

　　組織能力是一種運用管理能力持續改善企業效率與效果的能力。這項能力從屬於組織，不會隨著人事的更迭而有太大的變動，是一項特別值得珍惜與建構的核心資源。

　　根據學者的研究與實務的觀察，組織能力可以表現於以下幾個不同的層面：

　　1. 業務運作能力：良好的業務運作程序，能夠將企業的產品與服務，以最精確的品質、最快速的時間，接近顧客、滿足顧客的需求。當以時間為競爭基礎的重要性越來越高時，業務運作程序的能力就會顯得越重要。因此，所謂業務運作程序，不止包括日常「採購—生產—倉儲—運輸」的過程，尚應包括「開發、上市及提供服務」等項目的流程。一般而言，業務運作程序愈長及愈複雜，就愈難將其轉變為策略能力。但好處是，此一能力一旦建立，由於同業難以仿效，勢將成為最具有價值的競爭優勢。

　　例如，美國威名百貨（Wal-Mart）公司，藉由完整的衛星通信系統，快速的篩選、包裝作業及反應迅速的機動運輸車隊，建立一套極具效率的「不停留送貨系統」，促使配銷中心能在四十八小時內，運送訂單內所列之各項商品至各個分店。這項能力使得威名百貨在短短十年間超越 K-Mart，成為全世界最大及獲利最高的零售業者。

為了建構「不停留送貨系統」這項核心能力，威名百貨做了許多
策略性投資，來強化這個系統。如為了加強訂單的加總及傳輸速度，
華瑪特設立了一套專用的衛星通信系統，負責將每天各銷售據點所發
出的資料，傳送給四千多家供應商。

　　另外還建立專屬於威名百貨的「機動運輸車隊」，透過這個快速車
隊，華瑪特可在四十八小時之內，將倉庫貨品送至任何一家分店。為
了建立分店、配銷中心及供應商之間非正式、但往來頻繁的合作關
係，讓彼此可互通市場訊息、分享經驗，威名百貨還建立了一套「資
訊系統」，提供分店經理有關顧客行為的詳細資料，透過這些電子設
備，分店經理人毋須出門，即可知道有關各地市場上的流行資訊。從
以上的描述中可知，「完整的衛星通信系統，快速的篩選、包裝作業
及反應迅速的機動運輸車隊」，便是威名百貨的核心能力。

——Stalk & Shulman〔1992〕

　　2. 技術創新與商品化能力：因應技術進步、消費者偏好多元化的環
境趨勢，企業必須不斷推出各式各樣的新產品，才能維持良好的競爭地
位。新產品的開發，一方面有賴技術的創新，另一方面則有賴商品化的
能力。最近幾年來，許多研究均指出，快速的商品化能力，是新產品成
功推出的主要關鍵。因此，組織中，行銷、製造與研發三個部門進行同
步工程的能力，亦值得吾人特別重視。

　　以技術的創新而言，常以下列三種形式之一出現：(1)在熟悉的產品
上增添一項重要的新功能（如山葉的數位記憶鋼琴）；(2)開發出一種新
奇的方式，執行一般人熟悉的功能（自動櫃員機或夏普的攜帶型電子記

事本）；及(3)利用全新的產品觀念，提供一種新的功能（攜帶型攝影機或家用傳眞機）。

> 　山葉是以製造傳統鋼琴起家的，但是，他們隨時在思考如何去創新。首先，他們將鋼琴的功能（音樂鍵盤）和鋼琴的傳統形式（直立式鋼琴與小型演奏用鋼琴）分開；其次，他們應用新科技（數位聲音解碼技術），採用和以前完全不同的新方式來滿足顧客的需要。例如，利用電子科技於鋼琴上，新的數位鋼琴不僅免調音、佔的空間更小，同時可以使用耳機（以免吵到鄰居）。除此之外，更有預錄音樂程式，而使鋼琴自行彈奏；或是按一個鈕，就會有整個樂隊伴奏聲音出現等。這些改變，大大加強了鋼琴原有的功能，而山葉經理人及工程師，透過上述途徑，更改造了整個產業。
>
> ——Nevens〔1990〕

　　而日本廠商迅速商品化的能力，更爲人稱道。雖然錄影機是由美商亞培士（AMPEX）公司於一九五〇年代發展成功的，當時售價五萬美元，但是，由日本新力公司和JVC所主導的錄影機商品化後，一台錄影機只要五百美元，而且功能日新月異，在市場上的競爭力不言可喻。

　　3. 鼓勵創新、合作的組織文化：文化是指，應用並滲入於組織中個人和團體的行爲、態度、信念與價值。這些事項從表面中很難觀察，但是，對於組織確有極大的影響。有的組織中，自然流露著對人性的尊重、對創新與互助的鼓勵，使組織的發展具有自我調適與改善的基本能力。這種獨特的文化，實在是其他組織很難模仿、無法超越的。

4. 組織記憶與學習：組織和個體最大的不同之處在於，組織可保有過去的經驗，並有效的運用這些經驗於現有的決策之中；另一方面，組織亦可以減少任務交付過程中協調、溝通與執行的交易成本，因此，組織是一個極有效率的機制。但要讓組織具有這樣的功能，必須具備良好的記憶與學習的能力，讓組織能累積過去的經驗，成為具有良好思考能力的有機體。同時，讓所有努力與貢獻的資訊保留在組織中，發揮社會記憶力的功能，使成員不必斤斤計較短期報酬，減少內部的交易成本（有關交易成本的討論請參見〈統治說〉）。具備這樣能力的組織，必能在同業競爭中取得不敗的優勢地位。

業務運作程序、技術創新與商品化能力、鼓勵創新與合作的組織文化，以及組織的記憶與學習能力，均是一個企業中重要的組織能力。在這些方面的強化，均有助於企業形成不敗的競爭優勢。

資源與能耐

前面簡單介紹了資源的內涵。事實上，企業擁有資源的形式極為多樣化，並不僅限於前面幾種而已。但是，更值得去了解與掌握的，應是哪些資源能夠強化組織的能耐、具有策略性的價值，以做為建構核心資源的判別標準。綜合學者的看法，能夠強化組織能耐的資源，大致上都有以下幾個特點：

■ 獨特性

所謂獨特性，是指該項資源必須具有使企業在執行策略時增進效能

或效率的價值，同時，市場供應量非常稀少，又無其他代替品，例如，可樂配方、獨家採礦權、知名品牌等均是。換言之，獨特性同時包含了有價值、很稀少、不可替代三項特性。

■專屬性

獨特性資源值得珍惜與建構固毋庸置疑，但該項資源若不能和組織完全結合，則仍有被掠奪的可能，例如，可樂配方被偷竊、優秀業務員被其他公司挖角，都會使企業的核心資源流失。因此，形成資源的專屬性，是建構核心資源時另一項應特別注意的原則。所謂專屬性，是指該項資源和企業的設備、人員、組織、文化或管理制度緊密結合，不易轉移與分割，其他企業縱然取得該項資源，亦不一定能發揮類似的功能，如此才更能確保核心資源的價值。

■模糊性

策略性資源除了應具備獨特、專屬的特性，讓資源不易移動外，尚應具有模糊性，以阻隔競爭者的模仿。模糊性是指，資源的建構過程，及其與競爭優勢之間的因果關係，不易清楚的釐清，使得競爭者不僅無法取得，亦根本無從學習。模糊性的特質可以從以下兩方面來建構：

首先是內隱性。企業所擁有的許多能力，如人際關係能力、組織學習能力，其實都是從工作中逐漸學習，透過經驗與執行不斷累積而來的。這種「由做中而來」的技能，未經組織、未整理編纂，便具有明顯的內隱性。這種能力，相對上較不易接近，亦較不適合直接指導。競爭者即使運用「逆向工程」技術，亦無法加以分解與模仿。

其次是複雜性。企業所擁有的能力，如華瑪特百貨公司的不停留送貨系統，其實是許多技能、資產、個人經驗、組織常規間相互依賴而來的一種組合能力，其間的複雜性甚高。這種複雜性，幾乎使得任何人都無法擁有足夠的知識去完全掌控。複雜性使得員工跳槽所帶來的風險降至最低，更遑論是競爭者直接模仿了。

綜合以上的討論，獨特性、專屬性與模糊性，應是判斷資源具有策略價值的基本指標，亦是建構核心資源時應遵循的基本原則。

資源基礎的策略邏輯

資源既然是企業競爭優勢的重要來源，因此，不斷的建構與累積資源，是策略決策者重要的經營課題。事實上，以「資源」為核心思考邏輯時，應將每一次的策略決策均視為一個獨立的專案。例如，增加一條產品線是一個專案，擴充某一個市場是一個專案，投資設廠提高零件自製率亦是一個專案。決策者在評估這些專案時，除了計算每一個專案的投資報酬率以外，還應該仔細評估該項專案完成後，對企業核心資源的建構與累積是否能夠有很大的貢獻，如果每一個專案只是有一些利潤，卻無助於核心資源的累積，則這項策略決策便值得深思。

在以專案為基礎的企業中，如管理顧問公司、電影公司、建設公司等等，這種現象更為明顯。我們在台灣的電影業常看到這樣的例子：很多電影公司曾經有過幾部賺錢的片子，風光一時，但過一陣子影星、導演跳槽後，整個公司後繼乏力、無法持續，根本不可能永續經營。產生

這個結果主要的原因便是，企業在成功時未能累積任何核心資源，形成永續經營的基礎。一旦情勢轉移，公司便和任何一家初生的電影公司一般，無法承受環境的挑戰。因此，企業經營者應牢記：隨時將今日的利潤轉換成有用的資源，以做爲明日發展的基石。

我們對資源的內涵與特質有了以上的了解後，便可以資源爲基礎，發展出一套完整的策略分析邏輯，這套策略邏輯可分成幾個重點來說明。

策略規劃程序

大致而言，以資源爲基礎的策略本質所建構之策略規劃程序，包括以下幾個步驟：

■確認並評估現有資源

企業在進行策略規劃工作時，首應盤點現有資源，並且以目前的業務量爲基準，評量現有的資源是否有明顯的剩餘。企業經長時間的努力所累積的資源，部分（主要是有形資產部分）顯示在財務報表中，經常可以查得。但有些資源具有內隱與模糊的特性，必須仔細加以辨識，才能清楚掌握企業目前真正所擁有資源的實況。例如，個人所擁有的人際關係，是一種重要的資源，但似有若無，必須運用嚴謹、科學的方式——如建一個名片資料管理檔案——來管理，才能顯現這項資源的存在及價值。因此，在檢視現有資源，並評估是否有剩餘時，應仔細加以估量，才能得到正確的答案。

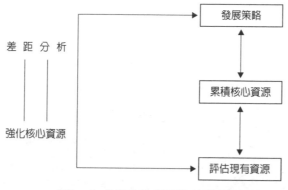

圖3‧1　以資源為基礎的策略分析架構

■檢測價值，設定核心資源

　　如前所述，企業所擁有的資源內涵包括有形資產、無形資產、組織能力、個人能力各方面，但有些資源可能因市場競爭而快速貶值，有些資源則易被取代或模仿，而失去其競爭優勢之地位。因此，宜根據策略性資源的三個特性——獨特性、專屬性與模糊性，逐一加以檢測，辨識確能為企業帶來競爭優勢的資源所在，並將其設定為值得企業強化與保存之核心資源。

■制定企業未來的發展策略

　　以資源為基礎出發，企業策略應能充分有效的使用核心資源，創造出最大的準租（quasirent）。例如，企業擁有品牌商譽，便應充分運用該項資源，擴張市場或發展相關產品，以充分實現品牌商譽的潛在價值。又如某零售業擁有強大的配銷體系，也可充分運用該項能力，發展其他相關業務，以提高其附加價值。

■強化核心資源

　　企業在執行某一個策略時，常需要各種不同的資源。某些資源，企業已有足夠的累積，但某些資源可能不足，形成不均衡的現象。因此，企業除有效運用現有的資源外，並應配合未來策略發展的需求，確認資源差距，努力加以補足，強化企業的核心資源，以符合策略的需要，同時形成更佳的競爭優勢。

資源的建構與蓄積

　　企業建構本身的核心資源時，除了應考量資源獨特、專屬與模糊的特性，選定適當的核心資源範疇外，如何運用最有效率的方式建構該項資源，是另一項重要的課題。一般而言，企業可以透過內部自行發展、外部市場購置與合作發展等三種不同的途徑，來取得所需要的資源。例如，某一種技術是企業亟欲取得的重要資源，這個時候，企業的主管應該考量技術的價值、市場的行情，以及開發過程中的學習效果等因素，決定採行哪一種途徑最符合公司的利益。資源取得的策略邏輯可參考〈統治說〉的分析。

　　在資源蓄積方面，企業取得關鍵的策略性資源後，必須將建構的資源盡可能的轉化成為組織的資源，而非屬於個人所有，如此才能真正有助於組織競爭優勢的維持。

　　在現實環境中常看到的某些現象，可以進一步說明這個觀念。某一個保險公司擁有一位非常傑出的業務員，對顧客的服務態度與品質俱

佳，因此贏得顧客很高的信賴感。但顧客的忠誠如果只是針對這一個業務員，而非整個公司，則一旦該業務員跳槽，所有的顧客亦跟著走了。這種建立在組織成員個人身上的資源，有時候對公司不僅沒有好處，反而形成更不利的衝擊，是值得企業經營者特別警惕的。

　　企業在思考如何蓄積核心資源時，最困難的部分可能是知識資源。在這方面，通常可以採行以下幾種做法：

■ 知識萃取

　　透過建立書面文件或公文檔案的方式，將無形資產或個人能力逐漸轉換成組織中公開的資訊，並融入日常的運作體系中。事實上，任何一種資源的創造，只有轉換成日常習慣，才能讓這項資源延續並累積。例如，公司必須要求業務人員每日均撰寫客戶訪問報告，並建立完整的客戶資料庫，才能將業務員對客戶的了解有效保存，並持續累積。

■ 知識擴散

　　企業可以透過專案小組、團隊合作或師徒制的方式，將個人知識逐漸擴散到參與的成員身上，進而擴散到整個組織中。有的企業更透過內部訓練的方式，將知識擴散的工作正式化。這種企業，不僅將教育訓練視為組織內部重要的工作，定期加以舉辦，同時盡量選用內部講師，以達到擴散知識、蓄積核心資源於組織中的目的。

■ 機構化

　　企業中有的資源非常有價值，但是，這些資源常散落在各個不同的

單位。由於資源未加以系統的管理，因此就失去了它應有的價值，例如，專利、技術文件、顧客資料庫等資源均常有這樣的現象。企業爲了將這些資源有效的蓄積在組織中，應考慮指定專人或成立專責機構管理這些資源。例如，圖書資料是研究機構非常重要的資源，必須指定專人統一管理，否則資料文件散落在各個研究員手上，久而久之就掉落遺失了。

資源的運用與維持

企業在運用資源時，當以目前所擁有的資源是否有剩餘爲首要前提。當資源有剩餘時，則應充分有效的運用核心資源，以創造最大的價值。在各種資源的類型中，無形資產、組織能力與個人能力，常擁有較大的外溢效果，較容易有「剩餘」，是企業運用資源時主要的考量點。例如，皮爾卡登將品牌授權給各種不同的產品廠商，台塑運用既有的管理能力去管理長庚醫院，均是資源有效運用的例子。

在環境快速變遷的時刻，市場機會稍縱即逝，當機會窗口出現時，現有的剩餘資源能夠讓企業有效掌控成長的契機。因此，在組織內部存有某種程度的剩餘或閒置資源（slack），應該是可以容忍的。

其次，運用資源代表資源功能的轉移，因此，同一項資源是否可轉移到各種不同的業務或範疇，是運用資源時特別值得留心的事情。例如，一家以生產製造香皂、洗髮精等日用品的廠商，準備擴大其市場，打算將產品從目前透過零售端點的銷售，擴大到機構團體，做爲機構的贈品。從表面來看，最終顧客並無太大的不同，但仔細分析比較可以發

現，面對這兩種顧客區隔所需要的銷售技巧，實有明顯的不同——一位擅長和雜貨店打交道的業務員，不一定有能力和機構的採購部門打交道——因此，這種資源的運用方式，便可能會遭遇到相當的困難。

第三，企業有剩餘的資源能夠運用時，亦應考量各種不同的運用方式。換言之，除了自行運用，做為企業擴張與成長的基礎外，亦可考量授權給他人來運用，可能的利得也許更高。這方面的分析，在〈統治說〉中將有詳細的討論，請各位讀者自行參閱。

企業運用既有資源時，除以創造最大的準租為基本原則外，亦應避免對資源過度濫用，發生殺雞取卵的現象。例如，某家知名家電廠商，運用過去建立的良好聲譽，推出各種不同品質水準的商品，滿足不同層級顧客的需求，短時間內固然創造了極高的利潤，但品質不一的商品印象，長期而言卻摧毀了辛苦建立的品牌資源，是一項非常不智的做法。因此，資源的運用與資源的維持，是需要同時考量的兩個課題。

換言之，企業在運用本身核心資源時，和社會中的公共財一樣，常會發生「搭便車問題」與「代理問題」。前者意指，某些事業部或產品線，只是不斷運用其他事業部（或產品線）所建構的資源，但本身對核心資源的建構與累積並無任何貢獻，亦不付出任何合理的報償。後者則是指，企業中的成員竊用企業的資源為己有，例如，報社的記者利用報社的名銜與資訊車取私利。如果企業高層主管不能建立一套良好的管理規範，有效遏止「搭便車問題」與「代理問題」的發生，則對組織成員的士氣必有極大的打擊，同時，企業過去累積的核心資源，也會如同常見的公共財（如無人管理的公園）一般，在大家濫用後，成為毫無價值的垃圾，形成無可避免的「公有地悲劇」（The Tragedy of Commons）。

這種現象，在歷史悠久、有良好聲譽的組織中最是常見。

　　另一方面，企業運用資源時應考量，當原有資源轉移運用後，是否有足夠的能力來填補原有的需求。例如，企業在多角化時，可以考慮調用原有企業資訊部門內的人員，協助新單位建立資訊系統。但是，原來有經驗的資深人員，如果一下子全部離職，必然使現有企業的資訊系統停擺。因此，抽調原公司的資訊人員時，須適當的考量人力的填補能力。換言之，資源運用最佳的狀況應該是，一方面能提供資深人員陞遷的機會，一方面也要避免形成原有組織的斷層。

　　最後，企業遵循資源建構的邏輯，制定經營策略，能持續累積某些特定領域的資源，形成特殊能耐。但是，累積核心資源的同時，還應避免形成「資源的僵固性」，使組織反而失去了因應環境變遷的能力，這是一項非常重要的管理課題。

結　語

　　相對於「適應環境、調整策略」的策略邏輯，「資源說」更重視本身的條件，更相信本身的努力。「不事外求，反求諸己」，可以說是資源說的策略哲學，在實務中我們也發現，如果比賽的時間夠長、企業的財力夠雄厚，這樣的經營哲學往往會成功。

　　在討論以資源為本質的策略邏輯中，有幾件事情是值得再一次強調的：

　　一、企業中有助於能耐打造的核心資源，並不單是尋常財務報表中

見到的資產而已，無形資產、組織能力、個人能力均是企業非常重要的資源，而後三者的重要性，可能比前者來得更重要。

二、企業在建構核心資源時，應掌握獨特、專屬與模糊三項原則。資源的建構可以透過很多不同的途徑，重要的是，應將所有建構的資源均轉換成企業組織所有，讓核心資源蓄積於組織中，避免變成企業成員個人的資產。

三、企業所擁有的核心資源應妥善加以管理，避免發生不當使用的行為。從策略執行的觀點看，核心資源的定期清點，其實是策略控制的重要工作；核心資源累積的狀況，亦應是策略執行是否成功的重要指標。

四、企業建構的核心資源應避免形成過高的僵固性，以適應創新與發展的需要——日本企業稱這樣的概念為「彈性的執著」，是吾人在強調核心資源的重要性時，同時應強調的另一個理念。

結構說

獨佔結構是企業利潤的最佳保障。

結構影響績效

在基本的經濟學裡，經濟理論清楚的告訴我們，市場依其組成結構可以分成很多種類型，包括獨佔市場、寡佔市場、獨佔競爭市場、完全競爭市場等等。在各類市場中，廠商所得到的超額利潤並不相同，其中，當以獨佔市場超額利潤最高，寡佔市場、獨佔競爭市場居次，完全競爭市場長期則幾無超額利潤可言。這項描述在現實環境中到處可見，過去，許多台灣企業之所以能有極高的利潤，常是因為可以進行「獨家買賣」。例如，某些公營或金融機構具有特許經營權、某些公司擁有特許的出口配額，或形成地區上的獨佔等等，均是利潤的最佳保證。

台灣過去的無線電視產業就是一個典型的例子。一九九二年，在巴塞隆納舉行的奧運，曾是全世界人類矚目的焦點，世界各國的傳播媒體，都派出了大批的記者到西班牙採訪，台灣也不例外。三家電視台和各新聞媒體的記者都傾巢而出，想要給國內不能親自到現場參加這個四年一度的盛會的民眾，最快、最翔實的報導。尤其是國人寄予厚望的中華成棒隊，多少人守在電視前面，等著看中華成棒隊的比賽現況。

但是，等著替選手加油的觀眾卻大失所望。由於國內三家電視台基於成本的考量、購買衛星線路時間的限制，台灣觀眾只能收看某時段的比賽，過了這個時間，對不起，只能明天同一時間再收看，甚至

連中華隊的比賽都不一定能看得到。這種現象讓觀眾抱怨連連，但是，電視台的廣告量依然滿檔，利潤毫未受到影響，三家電視台受到獨佔結構的保障可見一斑。

近年來，通訊科技的快速發展，其威力正迅雷不及掩耳的改變了人們的閱聽習慣。長期以來，只能收看三台電視節目的台灣民眾，忽然發現另一個新天地──有線電視。第四台提供的多種選擇，大受民眾的歡迎，就設備而言，目前第四台已有六十個以上的頻道，未來將逐漸增加至八十個，收視第四台的觀眾已超過百萬戶。在民眾收視習慣的轉變下，長期老大心態的三家電視台也感受到觀眾流失的壓力。三家電視台的開機率快速下降，過去三台共八成多開機率的盛況，如今早已不再，即使一直維持權威地位的三台晚間新聞，也已不如以前風光了。

上述的例子清楚說明了三家電視台過去繁榮的景象，完全是市場結構保障下的產物，當這個獨佔結構被有線電視打破之後，電視公司的經營績效便大幅滑落了。在產業經濟學相關理論的討論中，將產生上述現象的基本邏輯清楚的加以歸納為：市場結構決定廠商行為（包括生產數量與交易價格兩項），同時亦決定了產業績效（包括公私部門兩部分）。在這項邏輯中，「結構」是決定企業行為與經營績效的基本因子，因此，我們通稱這個學派為「結構學派」。

從社會福利的觀點看，競爭是增加消費者福利、提高廠商效率的最佳利器，但對廠商而言，競爭卻減少了許多超額利潤，是廠商最不願意面對的情境。換言之，從市場結構推衍企業策略，「獨佔」才是廠商超

額利潤的主要來源，策略決策過程中基本的思考邏輯，是一項必須牢記在心的金科玉律。

更進一步言，「獨佔結構」的策略邏輯是，每一家廠商均應透過各種策略作為，形成一個較佳的獨佔結構，並在這結構中佔有一個較佳的位置，而這個位置上所擁有的獨佔力，將使廠商的利潤得以確保。

筆者在此先說明的是，本章所指的「獨佔」是一個泛稱，並非特指一般經濟學中所稱的特定市場中單一廠商的狀態。

獨佔結構的觀察

獨佔力既然是廠商利潤的重要來源，因此，如何觀察廠商的獨佔結構，便成為策略分析的重要課題。由於獨佔力是相對應於其他廠商的特異現象，在觀察時，自應以整個產業為對象。有關產業獨佔的意義與實際衡量方式，隨著學術研究的發展而有所不同，從發展過程看，完全競爭、有效競爭（進入障礙）與五力分析是三個不同的階段。

完全競爭與有效競爭

最早的產業經濟學者主要關心同業間的競爭強度，他們認為，廠商家數的多寡、相對規模、同質性高低等因子，會造成不同的市場類型，直接影響廠商獲致長期利潤的空間。在此階段，競爭概念的重點在於已存在市場上的競爭者，即所謂「完全競爭」的概念。同業間如果能達到

完全競爭的情況，則對社會福利是最佳的保證。

後來的學者從許多實務案例中發現，如果一個市場能夠隨時自由進出、毫無障礙，則市場看起來雖然是由某個業者獨佔，但並無超額利潤可圖。因為任何時候，只要市場出現了超額利潤，就會有競爭者加入分食這塊大餅。因此，產業獨佔結構的評量應採「有效競爭」的觀念。換言之，競爭強度不僅受到市場上已存在競爭者的影響，潛在競爭者進入的可能性及強度，亦是考量的重要因素之一。此時，競爭觀念已由同業競爭進一步擴大至「潛在競爭者」，而進入障礙便成為相當重要的研究課題。

進入障礙的意義

所謂進入障礙的觀念，是指某產業中由於產品、生產、技術等特性，或現有廠商策略及進入時機等因素，導致潛在競爭者無法進入該產業，或進入該產業之利益不如已存在的市場廠商，而造成此種利益差距的因素，便稱之為進入障礙。

一般而言，形成進入障礙的原因有以下幾個（Porter）〔1980〕：

■ 規模經濟

某些產業因為技術特性的影響，具有明顯的規模經濟，新進入者若選擇以大規模的方式進入，會面臨既存廠商強力對抗的風險；若以小規模方式進入，又須負擔較高的成本。由於此兩種選擇都非新進入者所願意的，因此，將對其進入行動產生阻止的力量。

■產品差異化

現有市場中的顧客，若對現有廠商產品的品質、品牌、設計、行銷通路等，已產生特殊的偏好與忠誠，對新進入者將會產生很大的阻礙。此時，若新進者無法複製現有者的產品特性，或不能發現相對於現有差異化產品的市場利基，則進入障礙便存在。許多學者認為，形成產品差異化的原因主要是來自廣告。

■絕對成本優勢

既有廠商有時候擁有某些特殊的要素投入，包括特殊技術、發明專利權及政府特許權等，使該廠商的成本低於其他廠商。此時，它可以訂定一個產品價格，讓其他廠商不願加入，而自己仍能獲利。在許多開發中國家，這種障礙常來自政府的管制，例如，某些產業只限少數幾家、甚或獨家經營，或對某些原料進口人身分加以限制，而排除讓其他廠商加入市場。

■轉換成本

顧客使用了本公司的產品後，如果不容易再採用其他公司的產品，則本公司自然能維持顧客相當高的忠誠度。新進廠商由於無法取得顧客的支持與信賴，在市場上立足的可能性就很低了。

■期初資金需求

某些產業在設廠或經營時，須投入很大的資金，便構成了進入障

礙，尤其是某些資金係用於極具風險，或不能收回之處者，如必要之廣告與研發支出，對潛在進入者之嚇阻力量更大。例如，全錄公司在推出複印機初期，採取出租而非出售的經營方式，需要龐大的周轉資金，便不是很多公司能夠做得到。今天，許多大公司常擁有閒置資金，很容易可以進入許多產業，但是，像半導體業與石油探勘業，需要的資金非常龐大，且有很高的經營風險，仍然局限於少數的可能進入者。

■ 現有廠商的行為反應預期

潛在進入者對現有競爭者的預期反應，也將形成進入的威脅，如果預期現有的競爭者會採取強有力的反應，使新進者在產業內不易生存，進入行為便可能終止。在下列情況下，現有廠商很可能對準備進入的廠商採取報復行動，制止其進入的行為或意圖：

- 曾經對進入者有過強烈報復的紀錄。
- 已成立的廠商擁有很大資源可以進行反擊。
- 已成立的廠商對該產業抱有很大企圖，並擁有許多流動資產可資運用。
- 產業的成長趨緩，若有新廠商加入，將使現有廠商的銷售與財務績效受到更大的打擊。

五力分析

經濟學者有關完全競爭與有效競爭的概念，並未完全反映出真實環

境中企業之間競爭的實況，一九八〇年，哈佛大學教授波特〔1980〕發表《競爭策略》一書，他將產業經濟學的概念融合企業管理的觀點，提出一更全面性的方法來衡量產業競爭強度，命名為「五力分析」。他的主張基本上是認為，一產業的競爭強度應該由五個不同的競爭力量來綜合評估，這五方面除了前面所提到的產業內現有競爭者及潛在競爭者外，尚包括替代品、購買者及供應商議價力量三項。個別廠商在考量是否進入某一特定產業或未來應採行的策略時，五力分析是評估該產業未來前景與潛在機會的良好分析工具，以下分別說明之。

■ 同業的對抗強度

一般而言，現存競爭者之間的對抗，影響廠商的獨佔力最大。在大多數產業中，某一家廠商的競爭行動，常會引發其他家廠商報復的行動措施。就利潤觀點，相互競爭的結果，很可能為整個產業帶來非常不利的後果。

產業中，廠商家數的多寡，是影響競爭強度的基本要素。除此之外，競爭者的同質性、產業產品的戰略價值，以及退出障礙的高低，都會影響同業間的對抗強度。

■ 新進入者的威脅

新進入產業的廠商會帶來一些新產能，分享既有市場，也會拿走一些資源，使原有廠商所面對的競爭增強、獨佔力下降，造成成本上漲、產品價格下跌的不利後果。

前面已經討論過，新進入廠商可能產生威脅的大小，主要看該產業

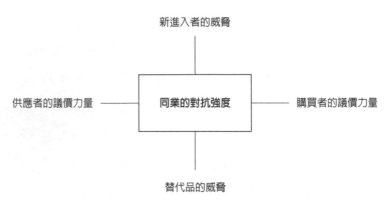

新進入者的威脅

供應者的議價力量 ─── 同業的對抗強度 ─── 購買者的議價力量

替代品的威脅

圖4‧1　波特的「五力分析」架構圖

進入障礙」的高低，以及進入者預期現有廠商的可能反應。如果進入障礙很高，或是新進入者預期會受到現有廠商的尖銳報復，則新進廠商的威脅較低，對現有廠商的獨佔力影響自然較小。

■購買者的議價力量

當購買者的議價力量甚強時，生產廠商迫於市場的爭取，須降價求售，自然毫無獨佔利益可言，故購買者的議價力量，亦是影響產業競爭強度的重要因素。購買者的議價力量除了決定於其購買的數量以外，購買者對產品的知悉程度、轉換成本的高低，以及自身向後整合的可能性，都是主要的影響因素。

■供應者的議價力量

供應者可以藉由提高勞務或零組件的價格，或降低品質，來對一個產業的成員施加壓力，如果該產業無法跟著調整售價來吸收上升的成

本，則該產業的超額利潤就會轉移至供應者手中。因此，供應者的議價力量，實際上影響著產業的競爭強度。

形成供應者議價力量的主要原因是，基本的勞務或主要的零組件由少數廠商供應，沒有替代品，同時本身又欠缺向上游整合、自行生產的能力，這些都使得供應者具有極高的議價力量。

■ 來自替代品的威脅

廣義而言，產業內所有廠商都在和生產替代品的另一個產業競爭。替代品決定了本產業廠商的價格上限，等於限制了一個產業可能獲得的投資報酬率。當替代品在價格／價值上所提供的替代方案愈有利時，對產業利潤的限制就愈大。因此，替代品的存在，事實上降低了廠商的獨佔利益。

障礙與經營績效

在獨佔結構的討論中，障礙（barrier）其實是最關鍵的理念，而且和企業經營的報酬有直接關係，值得進一步加以分析。障礙事實上包括退出障礙與進入障礙兩種類型，若以簡單的方式加以分析，可以得到如圖4‧2的二維方格。在這些方格中，從預期報酬的觀點看，最好的情況是，進入障礙高而退出障礙低。此時，潛在競爭者不易進入市場，而經營情況不佳的廠商很容易可以退出產業，故產業的平均投資報酬率高，而經營風險小，是一種利己不損人的最佳狀況。

在進入障礙與退出障礙都高的情況下，潛在競爭者不易進入，可以

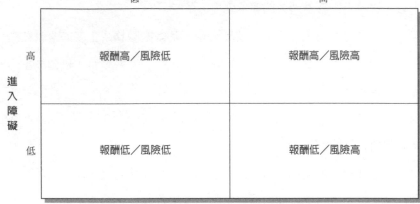

圖4・2　障礙與經營績效

使現有廠商均維持相當的利潤。但是，當市場走下坡時，部分經營失敗的廠商由於無法順利退出，而必須留在產業內繼續奮戰。這時，將會使競爭情勢加劇，若不幸落敗，更會陷入失敗者進退維谷的窘況，風險較大。

　　進入障礙與退出障礙皆低的情況下，由於廠商只要一有超額利潤，馬上會引起其他廠商的覬覦而進入市場，故利潤率始終維持平平，但亦不致有太大風險。

　　最壞的組合，是進入障礙低而退出障礙高者，此時，潛在競爭者進入容易，在景氣良好或暫時出現暴利時，很可能有大批廠商湧入。但當營運情況惡化時，新增的產能無法離開產業，結果將使產能往上堆積而利潤快速滑落，甚至產生惡性競爭的局面。此時，該產業將面臨低報酬、高風險的慘況。

獨佔結構的策略邏輯

波特所提出的「五力分析」架構，清楚的說明了影響一個產業競爭強度的主要來源，這些來源其實就是影響廠商獨佔利益的主要因素。因此，從這個分析架構中，我們可以清楚的推衍出一些以「獨佔結構」為核心本質的重要策略邏輯，以下分別說明之。

卡位原理：佔個好位置

企業如果能夠掌握到有利位置與關鍵資源，便擁有較大的結構獨佔力，自然具有相當高之談判力量，這便是俗稱的「卡位原理」。所謂好的位置，應該像是一條河流中最狹窄的地方，這個位置可以扼住來來往往的船隻，從兵家的觀點，自然是必爭之地。

參考前面介紹的理論，從企業策略的觀點，要卡到好位置，可以考慮從以下幾方面著手：

1. 選擇有政府政策或特殊證照保障的行業，例如國內早期的汽車、金融、電視等產業。

2. 盡早佔有稀少資源，以形成自然獨佔。近年來，日本商社在全世界大肆收購礦產、油田、森林與大都會區的商用辦公大樓，這些資源都具有不可再生的稀少特性，企業一旦佔有，自然擁有極高的獨佔力，長期而言，必是超額利潤的主要來源。

3. 尋找局部獨佔優勢。上述兩種策略作為，均可為企業帶來極高的獨佔力，但在實務中，或限於法令規定，或限於財力，並不易做到。對多數企業而言，選擇特定的營運範疇，在特定的市場區隔、地理區域或活動領域中，取得局部獨佔優勢，是一個較可能的做法。例如，最近國內流通業開始循環革命，而影響流通業成敗的關鍵是店址，如果能洞燭先機，事先掌握較佳之地點位置加以收購，則必可立於不敗之地。

降低同業間的競爭強度

同業間的強力競爭，破壞了大家的獨佔利潤，在可能的情況下，應盡量的維持同業間和平共處的局面，避免引發割喉式競爭。具體的策略作為有以下四項：

■形成同業默契

價格競爭，是企業利潤的致命殺手，因此，應盡量避免掀起價格戰。要形成這樣的局面，除了透過私下的方式協商外，對於主動發動價格戰的廠商，在事前事後發出適當的市場訊號，讓該廠商清楚的知悉其作為可能遭到的報復後果，是一項常用而有效的做法。

■購併競爭性強烈的同業

對於常採強力競爭手段的同業，在必要的時候，可以考慮採取收購或握股的方式，掌握對方的經營決策權，以減低競爭壓力，維持獨佔利益。

■ 促使同業之營運範疇多元化

在生物學領域中，高斯（Gauss）教授曾提出一個非常有名的定律，稱爲「排他性競爭律」。他在這項定律中指出：兩個使用相同謀生方法的同類動物，必將引發競爭，絕對無法同時生存。這項定律同樣適用於企業營運：當同業間的營運範疇、生產技術、原料來源、人員背景與經營規模愈相似時，彼此間產生競爭的強度亦將愈強，終將造成兩敗俱傷的結果。因此，讓彼此盡量「不一樣」，是一個重要的策略課題。

促使同業間策略多元化的做法很多，從產品／市場定位、地理區隔、核心技術、企業文化，到多角化發展方面，都可以形成彼此間的差異。當同業間多元化程度提高後，彼此間的競爭壓力自然會得到紓解。

■ 降低退出障礙

業者若處在退出障礙很高的產業中，就好像是象棋中過了河的卒子，只能繼續向前，在這種情境下，同業間的競爭必然非常激烈，尤其是當產業趨近成熟或衰退期時，情況將更形惡化。爲了避免這種情況的產生，居優勢的廠商應利用各種可能的方式，對那些經營面臨實際困難的廠商加以協助，例如，以較合理的價位收購其設備、接收其人員或協助其轉移至其他地區經營。最重要的是，優勢廠商絕對要避免激起「勝負只爲爭一口氣」的對立氣氛。如果彼此能夠順利調整，將使大家都獲利。

提高進入障礙

　　擁有良好結構位置的競爭者，為了避免新競爭者加入、分享其獨佔利潤，應設法提高其進入障礙，以減少他人介入的可能性。建構進入障礙的具體做法有以下七項：

　　1. 掌握關鍵資源，如通路、原料、特殊地點、政府證照等，或創造本身獨特的產品技術，使他人無法取得或建立在本業經營所必要的條件，如此，自然不可能出現強的競爭者。

　　2. 建立本公司品牌的聲譽，提高顧客選擇其他品牌的轉換成本，以提高顧客的忠誠度。在這種情況下，新進廠商很難爭取到生存所必要的顧客，自然不可能加入本產業競爭。

　　3. 盡量滿足市場各區隔的需求：廠商目前營運的市場，若有部分需求尚未得到滿足時，容易吸引潛在競爭者加入本產業的經營。因此，廠商應盡可能擴充產品線與服務之地理範圍，務必滿足所有顧客的需要，如此，潛在競爭者便很難介入本產業了。

　　4. 創造規模經濟利益，提高進入之資金需求：一個產業若在生產、行銷、採購等層面具有明顯的規模經濟利益後，則新進入的廠商必須投資大量的資金，在很短的時間內達到同樣的規模，才具有競爭力。這種大量需求資金的結果，將使潛在競爭者望而卻步。例如，傳統的雜貨店很容易就可以開設，但出現連鎖便利商店，明顯發揮採購與行銷的規模經濟後，就不是很多企業能夠自由進入。

　　5. 有效運用經驗曲線，建立成本優勢：部分產業具有明顯的經驗曲

線，例如，半導體產業便是很明顯的例子。在該產業中，產品的生產成本，隨累積產量的增加而明顯的降低。既有企業若能充分發揮此一優勢，對後進入的潛在競爭者而言，將形成極大的成本差距，自然成為重大的進入障礙。

6. 減少帳面利潤，降低進入誘因：任何一個產業中，如果出現過高的超額利潤，對其他業者將會產生很大的吸引力，期望加入本產業營運。事實上，在很多情況下，某一時期的超額利潤只是特定時段的現象，並非經常性的結果，若因此招來許多新的競爭者，實非明智之舉。現有經營者為避免此一現象發生，除了應透過各種管道傳達正確的事實以外，還應有效運用年度的超額利潤，將其轉換成具有長期競爭優勢的策略性資源，如投資在研究發展、通路購併或公共形象等方面，如此才能真正的確保長期的競爭地位。

7. 提高預期報復的可能性：現有經營者為維護既有之獨佔利益，對潛在競爭者必須威脅利誘，雙管齊下。利誘者，重點在說明本產業之利潤其實並不高；威脅者，則是適度表達對新進入者積極迎戰的態勢，例如，早期的價格戰爭、大肆收購原料來源等等，都具有恫嚇的效果，可以紓緩競爭者加入的步調。

提高對顧客的議價力量

交易是買賣雙方的結果，企業在同業間的獨佔結構，只是利潤的基本保證，如果不能顯現在顧客身上，仍然不能讓利潤具體實現，因此，提高對顧客的議價力量，為實現獨佔利益的基本策略課題。在這方面，

具體的做法有以下三項：

■選擇議價力量較低的顧客群

顧客由於本身的條件不同，所能展現的談判力量自然不同。從廠商的觀點看，對產品的專業知識不足，但具成長潛力的顧客，由於欠缺談判力，是較佳的目標市場。當然，為了避免受制於少數顧客，亦應盡量的分散顧客群，以掌握較佳的談判地位。

■降低顧客對價格的敏感性

顧客如果較不斤斤計較價格，則對廠商的獨佔利潤自然會有較大的保障。為了達到此結果，企業應努力於創造產品的附加價值、提高品牌知名度、增加售後服務等等，這些作為都能增加本公司產品和其他產品間的差異程度，導引顧客重視品質、品牌、服務等其他指標，而較不重視價格。

■提高顧客的轉換成本

顧客使用了本公司的產品後，如果不容易再採用其他公司的產品，則本公司自然能維持顧客相當高的議價力量，因此，應盡量提高顧客的轉換成本，具體的策略作為有三：

1. 讓本公司的產品在品質上有些微的特性，顧客若改用其他產品，因為無法配合與適應，會造成極大的損失，如此，將降低顧客轉換的可能性，嬰兒奶粉便常採用這種做法。

2. 讓產品的使用須經相當長的學習時間，一旦顧客熟悉後，便不易

選用其他產品。各電腦公司所發展的軟體常見這種例子，電腦公司為了吸引早期的顧客，還經常採用免費訓練或贈送教學單位的促銷策略，其實，這些無非都是希望能提高顧客的轉換成本。

3. 產品的規格不明確，不易尋得替代品：顧客使用產品時，如果無法清楚的了解其規格，則很難轉換向其他廠商購買。很多塑膠原料公司在銷售產品時，常採用此一方式，它們銷售的產品常只有公司內部的產品編號，絕不說明其成分與配方，下游加工業者無法判斷其確實之產品成分，不易尋得其他替代品，自然便和上游廠商間產生極高的依賴關係。

提高對供應商的議價力量

許多業者在同業間佔有良好的獨佔位置，但由於對原料供應商的依賴度過高，因此，常使得本身從市場中所掠取的超額利潤，很快的便轉移到上游供應商的口袋中。國內許多家電業者，由於關鍵零組件受到日本業者的掌控，便常常出現這種結果。為避免此一不利局面發生，降低對供應商的依賴度，便成為維持獨佔利益時另一項重要的策略作為，具體的做法有以下幾項：

■ 分散供應來源，盡量尋找合格的替代來源

本公司所需零組件的供應來源，若集中在一兩家廠商身上，必然會形成極高的依賴度，因此，宜盡量將採購的零組件或原材料分散在眾多的供應商之間，如此，可以改善廠商本身的談判地位。

■盡量使用標準規格產品，降低轉換成本

促進零件產品規格標準化，可使購買者獲得較標準而良好的服務，減少轉換成本。除此之外，有效掌握技術規格、不同意投資添購和某一特殊供應商配合的輔助設備、防止需要特別訓練員工的供應商產品等等，均可以降低本身之轉換成本，有助於議價力量之維持。

■建立向後整合的能力

廠商為維持對供應商的議價力量，應隨時保有自行生產的能力，這項能力不一定要真正的去執行，但可透過各種管道，如正式發布技術開發成功新聞、洩漏內部研究垂直整合的可行性報告、與工程顧問公司建立合作聯盟等方式，來表達此一意圖，讓上游廠商知悉本公司具有這樣的能力和意願，如此，自然較能提高對上游供應商的議價力量，維持既有之獨佔地位。

擴大運用獨佔力

廠商若在某一產業或區域取得獨佔力後，除了運用各種方式確保本身的獨佔地位以外，還應該有效運用既有之獨佔力量，以擴大獨佔利潤，具體的做法有以下幾項：

■向下游整合

廠商如果在本業中已擁有較佳的獨佔位置後，可以考慮向下游整

合，以轉移運用其獨佔力，增加利潤來源。例如，國內私人診所中的醫生，均同時賣藥以提高收入。又如波音公司最初開發成功民用航空型飛機（B-247）後，只供給和公司有長期密切關係的聯合航空公司使用，由於飛機性能優良，沒有其他的飛機能夠與之抗衡，因此，聯合航空在短短幾年中，便幾乎把其他所有的航空公司均打敗了。

■ 發展相關的產品

廠商在顧客的心目中若已經擁有相當高的品牌聲譽，形成極佳的獨佔地位時，則廠商應適時推出各種相關產品，以運用既有的品牌獨佔優勢，擴大利潤來源。過去，許多知名品牌廠商，常利用其暢銷產品的優勢，搭售其他較不暢銷的產品，便是一種擴大運用獨佔力的具體做法。

結　語

「結構說」是將「獨佔」視爲策略的本質，其基本的策略邏輯是從企業所處的市場結構出發，思考企業如何透過策略構面的安善安排，尋找、維持與運用獨佔位置，以追求獨佔利潤，具體的做法在前面均已約略討論過了。但從結構獨佔本質所推衍得到的策略邏輯中，有三個基本觀念是值得再稍加釐清的：

■ 獨佔利潤的道德

從社會規範的觀點看，獨佔影響公平競爭、剝奪消費者權益，是一

個不當的競爭行為。因此，許多學者均批評，從「結構說」發展出的策略作為，有道德上的瑕疵。筆者認為，這樣的批評確有部分正確，但真正的關鍵是，經營者應清楚的辨識，本企業所擁有的獨佔力量，是靠本身的努力所「創造」出來的，還是完全憑藉特權「霸佔」得到的。如果是前者，則獨佔的利潤無可厚非，如果是後者，就需要仔細檢討、妥加迴避了。

■ 個體私利與群體互利

獨佔力的創造與維持，均係以個別的廠商為思考分析的單位，例如，上下游廠商均希望能提高本身的獨佔力量，以增加本身的利潤。從個別廠商觀之，這樣的做法無可厚非，但如果雙方均遵循這樣的思考邏輯，運用上述各種策略建議方案，則可能造成兩蒙其害的結局。例如，上、下游業者為了維持本身的談判地位，均盡量的不透露產品規格或實際需求，同時，不斷尋找新的供應商（或顧客）。如此互相鬥法的結果，雖有助於個體私利的維持，但對於群體利益卻有很大的損傷，終將使整個產業的發展受損，是一個不能不謹慎考慮的課題。

■ 思考主體

結構獨佔的策略邏輯，是以既有的產業為思考主體，未考量新的技術、通路或經營方式所可能引發新的替代品或遊戲規則，這種經營典範的革命，對於既有的產業結構將有致命性的影響，卻是從結構獨佔出發制定策略時的思考死角，值得策略決策者特別留意。

波特的策略競爭理論

美國哈佛大學邁可‧波特，日前應我國政府及連震東文教基金會之邀來台訪問。他在台僅停留二十六小時，但透過晉見總統、為連內閣官員上「國家競爭力」一課等公開活動，在國內形成不小的旋風，波特對「亞太營運中心」施政方針所提出的建議更激起社會大眾廣泛的討論，波特本人的出身與學術成就亦引起大家的興趣。

波特的著作與理論

波特教授於一九七四年畢業於哈佛大學商學院企業經濟學系（Business Economics），其時年僅二十六歲，畢業後即留在母校任教。一九八〇年波特出版《競爭策略》一書，受到美國企管學術與實務界的共同重視，一時之間成為美國企管書刊的暢銷書，波特亦成為身價頗高的企業顧問教授。波特隨後於一九八五年出版《競爭優勢》、一九九〇年出版《國家競爭優勢》，均得到相當的肯定。時至今日，在美國主要的書刊連鎖店和大學書城均仍可買到這幾本書，這些書受認可的程度可見

一斑。

　　波特教授在不到二十年的學術生涯中，出版三本有分量的著作及十餘篇論文，從學術的觀點評價其在策略管理領域中確具有相當的貢獻。以下以出版時間爲序，引介其中一些著作。

《競爭策略》：五力分析架構

　　一九八〇年，波特教授出版《競爭策略》一書。在這本書中，波特提出有名的「五力分析架構」。他認爲影響產業競爭態勢的因素有五項，分別是「同業的對抗強度」、「新進入者的威脅」、「供應商的議價力量」、「購買者的議價力量」及「替代性產品或勞務的威脅」。透過這五方面的分析，可以測知該產業的競爭強度與獲利潛力。

　　《競爭策略》一書最大的特色在於，充分運用傳統產業經濟學所累積的知識，轉換成爲企業經營策略的思考準則，無論從實質內容看，或從思考邏輯的創意看，均有明顯的貢獻，值得吾人學習。

　　在傳統的產業經濟學中，經濟學者曾深入探討市場結構對廠商行爲和廠商績效的影響，這些討論雖有不同的枝節意涵，不同的學者對獨佔的定義與觀察方式亦不盡相同，但「獨佔可以帶來超額利潤」卻早已成爲一個眾所周知的基本定理。波特從這個角度出發，認爲企業競爭的基本原則應是維持獨佔地位，也就是卡個好位置，並據此邏輯發展出「降低同業競爭力」、「提高進入障礙」、「提高對上游供應商的議價力量」及「提高對下游顧客的議價力量」等原則，再根據這幾個基本原則開展成爲更細緻的策略做法。由於波特的思考邏輯簡單而一貫，其所提出的

策略建議自然受到實務界的青睞。當然，這樣的推論邏輯和傳統經濟學所強調的公平競爭理念正好對立，其在道德上所引發的批評亦是很自然的事。

《競爭優勢》：企業價值鏈

一九八五年，波特教授出版《競爭優勢》一書，在這本書中，波特提出「企業價值鏈」的概念。他認為企業提供給顧客的產品或服務，其實是由一連串的活動組合起來所創造出來的。每一項活動，都有可能促成最終產品的差異性，提升產品價值。

企業的價值鏈同時會和供應商、通路和顧客的價值鏈相連，構成一個產業的價值鏈。任何一個企業都可以價值鏈為分析的架構，思考如何在每一個企業價值活動上，尋找降低成本或創造差異的策略作為，同時進一步分析供應商、廠商與顧客三個價值鏈之間的聯結關係，尋找可能的發展機會。嚴格而言，以價值鏈做為企業經營診斷的分析手法並非波特首創，但波特能運用這項分析手法推衍出符合推理邏輯、又具有實用價值的策略建議，可以看出他對實務與學理雙重的熟悉程度。

《國家競爭優勢》：鑽石體系分析架構

一九九〇年，波特出版《國家競爭優勢》一書。波特在這本書中將企業競爭優勢的概念應用到國家層次，探討一個國家如何能建立起它的競爭優勢。「國家競爭力」或「國家競爭優勢」這樣的名詞，這兩年來

在台灣社會非常流行，但並沒有清楚的共識。細讀波特的著作，可以知道，在波特的眼中，國家競爭優勢是指「一個國家或地區，能否成為某一產業的發展基地」。換句話說，某一個地區或國家，若能具備某些特殊的條件，使得某一產業能夠蓬勃發展，例如荷蘭的花卉產業、義大利的成衣產業，便可以說這個國家具有國家競爭優勢。因此，波特有關國家競爭優勢的分析，基本上還是在產業層次，這是在理解或學習波特的「國家競爭優勢」理論時，不可不謹慎留意的。

針對這個主題，波特提出「鑽石體系」的分析架構。他認為可能會加強本國企業創造國內競爭優勢的因素包括：

1）生產因素：一個國家在特定產業競爭中有關生產方面的表現。

2）需求條件：本國市場對該項產業所提供或服務的需求為何。

3）相關產業和支援產業表現：這項產業的相關產業和上游產業是否具有國際競爭力。

4）企業的策略、結構和競爭對手：企業在一個國家的基礎、組織和管理形態，以及國內市場競爭對手的表現。

這四個因素對每一個產業的影響並不相同，應該分別加以評估之。更重要的是，鑽石體系是一個動態的體系，它內部的每個因素都會強化或改變其他因素的表現，同時，政府政策、文化因素與領導魅力等都會對各項因素產生很大的影響，如果掌握這些影響因素，將能形塑國家的競爭優勢，是政府重要的職責。從產業政策的觀點，鑽石體系確實提供了一個很好的分析架構。

綠色雙贏策略：資源生產力

一九九〇年之後，波特還繼續寫了兩篇論文。第一篇的主題為「綠色競爭力」，主要在討論企業如何回應正蓬勃發展的環保運動。他在這篇論文中清楚的指出，社會上的環保運動和企業的經營利潤並非是完全對立，企業家如果能夠有前瞻的眼光，掌握社會的脈動，則同樣可以形成雙贏的局面。

為了達到這個理想，他和林德教授共同提出「資源生產力」的概念。他們認為，企業污染其實代表的是企業使用資源的生產力不彰，如果可以用全新的角度來考慮產品生命週期中每一部分的成本與價值，讓資源生產力充分發揮，則改進環境品質與增加生產力就可以合而為一。

成功的策略：落實執行每一件事

另一篇論文則發表於一九九六年。波特在這篇名為「策略是什麼」的論文中指出，企業經營者除了思考抽象的策略議題外，執行層面的營運活動更是其中的關鍵。換言之，企業除了要有清楚的策略定位外，還應考量在每次活動（功能）與整體策略之間尋求一致，同時確保每一項活動彼此可以相互強化，有效整合。企業家應牢記成功的策略不是有好的想法而已，而是要把每一件事（不是少數幾件事）都做得很落實。

適於台灣產業的策略邏輯

　　一般而言，策略管理的理論發展應可以一九六五年安索夫的「公司策略」為起點。在波特所著的這幾本書之前，絕大多數的策略書籍均只強調策略制定的程序，指導企業界如何按部就班的擬定企業未來的發展策略，但無法就企業未來應採行之策略提出較具體的建議。波特在系列著作中，分別運用產業經濟學的理論基礎與策略管理的分析手法，推衍出企業界與政府部門可以遵循的指導原則。雖然，波特書中的諸多主張均已在學術期刊中深入討論過，並非全是波特個人的創見，但他卻能將其彙總歸納，成為有條理的書籍，是一項重大的突破。因此，在整個策略管理學術的發展過程中，將這幾本書視為重要的里程碑並不為過。

　　波特的理論貢獻雖受吾人肯定，但並不代表波特的觀點即是目前吾人理解的策略理論的全部，因此，在研讀波特的理論並嘗試將其應用於實務問題時，亦應注意到其他不同的思考邏輯。

競爭VS.執著：創造與累積核心資源

　　首先，波特的理論無論是「競爭策略」或「競爭優勢」，均是從「競爭」的觀點出發，希望透過「卡位」、「產品差異化」或「低成本」等手段取得相對競爭地位。企業經營者隨時隨地都應有競爭的意識，隨時隨地和競爭者比較，是波特理論的基本哲學。

如果深層思考這項策略課題，「卡位」、「差異化」、「低成本」均是廠商行為的表象，除了少數靠政府保障擁有特權的公司外，其他企業如果要達到這樣的境界，都必須要有很好的能耐。因此，創造核心資源、累積基本能耐，是企業思考經營策略時另一項重要的邏輯。最近一兩年來，國內高科技產業快速發展，許多高科技公司的股價連連上漲，實在是因為這些公司的經營團隊擁有一流的技術，以及良好的經營默契。更重要的是，他們在某一個特定領域中深耕深掘、持久執著，自然形成不可替代的競爭優勢。對這些公司來說，競爭者不是別人，而是自己。

事實上，在高科技產業中，環境變化快速，事先很難預知誰是競爭者，與其處心積慮與人競爭，不如兢兢業業、反求諸己。這種以厚植本身實力為基本理念的策略理論，學者將它稱為「資源基礎論」。這項理論在哲學層次上是以自己為競爭對象，隨時思考自身的成長與累積，和波特隨時與他人競爭的想法顯然有較大的不同。

環顧台灣產業發展的特性，台灣企業能夠在世界市場中呼風喚雨的少之又少，過去台灣企業生存憑藉的是靈活彈性，但長期而言，仍應以擁有某些獨特專長為首要目標，如此才能在世界分工體系中佔有一席之地。換言之，波特所強調的「競爭卡位」對台灣企業並不實際，「創造與累積核心資源」的觀點才更值得吾人重視與遵循。

競爭VS.合作：發展事業網路

另一個值得吾人留意的是，競爭固然是企業經營的本質，但合作卻

是這兩年來策略思考的主要潮流，而這也是波特的競爭理論中顯然不足的地方。

這兩年來全球企業強調合作聯盟的重要性是有其環境背景的。首先，全球性的通訊媒介日漸發達，消費者所接收到的訊息幾乎同步，使得顧客偏好與口味漸趨一致。任何一項新產品上市後，如果得到消費者的認可，必將爆發很大的市場量，這樣的市場幾乎是任何一家單一的廠商無法吃得下來的；其次，技術的快速進步使得研發經費支出相當龐大，這筆費用對任何單一廠商更是一項很大的負擔，上述這些因素使得廠商間尋求合作聯盟的動機大增，也逐漸成為九○年代策略思考的主流。

以合作理念檢視波特的競爭理論，更可以看出波特競爭策略邏輯的不足。若以波特的理論出發，企業經營需要透過各種做法來刻意提高對上游供應商或下游經銷商的談判地位。這種相互對抗的結果雖然短期內維持了本身的利益，但長期而言，彼此間的對抗增加了許多交易成本，毀損了整個體系的實力。最終產品沒有競爭力，終將使企業本身嘗到苦果。

以合作網路做為企業經營的邏輯，在台灣並不是特別新鮮的事。台灣的中小企業和貿易商之間，在過去幾十年來，均依不同的業務與地域自然形成合作分工體系。廠商間基於互信，自然形成各種網路關係，彼此間的交易不需要契約，也沒有保證金，只是基於長期互利的信念，共同努力在世界市場中打拚。國外很多學者與企業均很訝異台灣的中小企業如何能和世界上的企業巨人對抗，其實，他們如果了解台灣的生產製造體系，就可以知道台灣的產業整個來說就是一家公司，和世界大公司

相對抗的是這整個體系，而貿易商只是其中一個部門罷了。釐清這個事實，更可以深刻的感受到合作的重要性。

　　總而言之，波特的策略理論有其獨特之處，但隨著產業的演進與策略知識的累積，也顯示其不足之處。觀察最近策略理論的發展，一般企業經營策略所關注的課題應可歸納為「營運範疇」（垂直整合、多角化、國際化、差異化、低成本……）、「核心資源」與「事業網路」三大部分，若以此架構分析，波特的理論在後兩項中顯然均未提及，國內企業在研讀運用波特的策略建議時，這點或許是可供參考的。

——本文原載於《輕鬆與大師對話——波特解讀波特》，民八十六年，天下雜誌出版

附錄二：波特的策略競爭理論

競局說

經營是一幕幕既聯合又競爭的場景，
有攻擊，有防禦，
有對抗，也有聯盟。

競爭是企業經營的基本原則，這個現象在同業間更為明顯，日常社會中百貨公司間的折扣戰、各家電視台的打擂台等，都是明顯的競爭行為。

最近幾年來國內的零售業正掀起強力的爭戰，某一家廠商在某一地區開設一家便利商店或量販店後，另一家廠商必在附近開設另一家，彼此直接競爭，戰爭的煙硝可謂四處瀰漫。但仔細觀察企業間的競爭行為，本身卻是一個繁複的互動過程，應否參與競爭？何時該參與競爭？應主動攻擊？還是被動防禦？均有許多不同的考量，有待企業決策者審慎加以判斷。

在管理科學的發展過程中，競局理論（game theory）是一項重要的進程。基本上，競局論是簡化真實世界競爭態勢的一種理論，在某些基本假設的前提下，利用理論模式來了解及預測廠商的行為。雖然在現實環境中，實際的企業決策所需的資訊是複雜而多變，很難簡化成競局模式，但無論如何，競局仍提供了一個不錯的理論架構，有助於吾人對競爭行為的了解。

競局的靜態分析

在實務中，市場上通常會有多家廠商同時存在，而且廠商間競爭的情境不同，競爭形態亦不一定相同。為了合理地分析市場上的競爭行為，競局理論常假設所有參賽者的決策，均基於理性的考量，必然採取對本身利益最大的行為，並且假設參賽者非常清楚自己的資源限制，每

次參賽都必然以最有效率的方式執行策略。另外，競局理論還常將市場情境做一些簡化，例如假設只有兩家廠商參加、給定參賽者決策的順序、設定參賽者的可行策略類型與可能產生的報酬等等，以便於呈現廠商間的互動行為。在這些簡化的假設下，現實的競爭關係已化約成客觀的事實數字，若將這些簡化後的數字做簡單的運算，即可找出各參賽廠商的最佳競爭策略，並了解在特定市場情境下市場的競爭結果。

再者，若決策者能針對當前或未來各種可能的市場情境，在適當的假設下分別化約成競局，並分別做競局的分析，根據這些分析，決策者當可了解在何種情境下，競爭的結果對自身最為有利。依此一分析的結果，參賽者即可據以調整自身的策略，甚且進而塑造市場情境。

以下將介紹運用競局分析的幾個重要觀念。

實力與財力

在企業競爭過程中最簡單的情況，就是一對一的對決。當參加競賽的廠商只有兩家時，如果雙方的實力相當，則甲乙雙方獲勝的機率是完全相等的，即使競賽持續許多次，亦不會改變獲勝機率，這是名副其實的運氣。

由於競賽雙方獲勝的機率相同，因此競局必須等到有一方破產才算結束，這個時候財力的雄厚程度便是勝負關鍵。如果用機率去計算，當甲方的財富是乙方的五倍時，則甲方獲勝（乙方破產）的機率高達百分之八十四；當財富差距提高到十倍時，則乙方獲勝的機率便只剩下百分之三了，這個數字其實就是一般賭場經營的基本邏輯。

當然，如果雙方的實力不對等時，則實力較佳的一方便有較高的獲勝機率。財力、實力與打敗對方的機率三者間關係的計算需要複雜的數學計算，此處不擬詳述，但由**表5‧1**的資料可以看出，在競爭過程中，只要一方的實力略高於另一方（例如五十四比四十六，或更高），則最後獲勝的機率便超過百分之八十，如果資金再略為雄厚一點（例如二十比三十），則可說是勝券在握（機率超過百分之九十五）。

上述的分析顯示，實力確有助於提高競賽過程中獲勝的機率。同時，勝負雙方的差距往往只是一線之隔，並非一定要懸殊的實力或財力才能確保勝負。

表5‧1　資金不足可以實力（獲勝機率）補救

相對財力 ＼ 相對實力	46	48	50	52	54	60
20:20	3.89	16.79	50.00	83.21	96.11	99.97
20:30	0.78	7.38	40.00	81.31	95.98	99.97
20:50	0.03	1.46	28.57	80.12	95.95	99.97
20:70	近於零	0.29	22.22	79.89	95.95	99.97
20:100	近於零	0.03	16.67	79.83	95.95	99.97

〔說　　明〕：表內數值皆為百分比。
〔資料來源〕：大村　平（民83），《競賽策略的知識》，頁17。

競局的分析

在現實的案例中，任意兩家廠商間的競爭，雙方可採用的策略並不一定只有一種，而且更有可能發生的情形是在各廠商自身的決策限制，廠商的可行策略將會有各種的變化與選擇。而且，當雙方分別自各種可行策略中任選一策略，然後在市場上競爭，雙方將會分別獲得不同的報酬。

為了分析廠商各種策略間互動後的結果，必須將這些可能發生的報酬做一適當的安排。其中的一種安排方式，就是將這些報酬匯集到一個矩陣中，此一矩陣即為「報酬矩陣」（payoff matrix）。也就是說，報酬矩陣是在特定情境下廠商間競爭關係的一種縮影。而報酬矩陣則是競局理論藉以計算競局結果最常用的一種呈現方式。

兩家競爭廠商所形成的競局，通常可區分成零和競局和非零和競局兩類。其中，零和競局的結果，將會是一方所得即另一方所失。此種賽局，由於不是你輸就是我贏，所以對抗立場旗幟分明。另外，非零和競局中參賽者的利益，則不一定是相互對立的，所以參賽者有時必須相互合作，有時需要虛張聲勢來恐嚇對方，有時則必須出賣對方，以追求本身利益的最大。

尋求零和競局下的最佳解，大致已有客觀的分析方法，但這些分析方法涉及數學模型的求解，過程較無策略上的意涵，此處不擬深入探討。

在非零和競局中，有三個比較著名的競局。第一種就是大家所熟知

乙

	不承認	承認
不承認	(-1，-1)	(-10，0)
承認	(0，-10)	(-5，-5)

甲

圖5‧1 囚犯兩難報酬矩陣

的囚犯兩難（prisoner's dilemma）。此競局假設有兩位嫌犯分開受審，如果甲招供而乙堅不認罪，則甲獲無罪開釋，而乙將被判十年徒刑；如果二人皆招供，則各判五年徒刑；如果二人皆不招供，則依檢方現有罪證，兩人將各判一年徒刑。根據以上的情境假設，兩人的競局可列如**圖5‧1**之報酬矩陣。

　　從第三者角度觀察報酬矩陣內容，很容易發現如果甲、乙雙方均不承認，將是對雙方最有利的結局。但是囚犯兩難競局，有兩個基本的特徵：一是甲乙雙方互不信賴；二是資訊不完全。在這種情況下，囚犯如採取不信任對方的態度，而坦白承認犯罪，雖然最壞將被判五年，不過卻有機會大獲全勝，獲得無罪開釋。另一方面，如果堅不承認犯罪，可是一旦對方認罪，則下場將十分悽慘。在這種矛盾的情形下，造成兩敗俱傷的「承認」犯罪，通常是理性的抉擇。因為此選擇較能保障自己的最低利益，而成為一般人較常採行的策略。

　　另一個非零和競局為膽小鬼遊戲（game of chicken），膽小鬼遊戲源

乙

	讓　開	不讓開
讓　開	(0，0)	(-5，5)
不讓開	(5，-5)	(-100，-100)

甲

圖5．2　膽小鬼遊戲報酬矩陣

自美國不良少年飛車拚鬥的情形。假設兩名青少年分別駕車正對面地急駛，先讓開者輸，未讓開的一方則可獲得眾人的尊敬。如果兩人都讓開，則兩人都失去面子，但至少保住性命。如果兩人都不讓開，則彼此相撞後雙雙蒙主寵召，而產生最壞的結果。在膽小鬼遊戲中，根據圖5．2的報酬矩陣，可以知道這種競局，並不會出現一個固定的結果，因此雙方常會採取虛張聲勢等非報酬矩陣所列舉的策略，以令對方恐懼而閃避。

　　最後一個例子，則是一個困獸之鬥的競局。假設有兩個困在火災現場的人，如果兩人合作，則推開房門，否則兩人均遭殃。由競局的假設以及圖5．3的報酬矩陣可知，一起合作推門的策略必然是成為最佳策略。

　　以上所舉的例子，只是在兩參賽者、各有兩種策略可以選擇，而且兩參賽者同時進行決策的情境下比較著名的三個競局。事實上，依照競局理論，決策者可依自身的需要，分別適當地做參賽者數目、可行策略

乙

		推　門	不推門
甲	推　門	(100，100)	(0，0)
	不推門	(0，0)	(0，0)

圖5‧3　推門報酬矩陣

類型及參賽者進行決策的順序等等情境假設，並依所假設之情境計算出
各種可能發生的報酬，做成報酬矩陣後，再進行競局分析。

選擇對手與戰場

　　在實際的經營環境中，競爭者與盟友的數目往往不只一家，而且競
爭者未必永遠是敵人，盟友也未必永遠是朋友。而這種對手角色轉換的
現象，很容易在以競局理論做為分析工具時出現。亦即，若依不同的情
境，設計出可選策略類型不同的競局，各競局的參賽者所扮演的角色，
也將會有所改變，競局的結果也會因而有所不同。以下則以前述三個競
局為基礎，分別說明在不同的可選策略類型下，對手將分別扮演不同的
角色：

　　1. 如果甲廠商有能力在市場上與競爭者進行競爭（即可選策略為價
格），而且決定訂定比競爭者低的價格以奪取市場。一旦甲開始降價，

競爭者為了防止市場的流失，很有可能在其能力之內，同樣降價因應。如此同時進行降價的互動，其結果將會如同囚犯兩難競局一般：明知有比較好的結果，但雙方最終卻都嘗到苦果。

2. 如果廠商不選擇價格競爭，而是決定進一步擴展新市場區隔（即可選策略為市場區隔的不同）。當甲開始開拓新市場，其競爭者也有可能跟進。如此同時開拓新市場，將會增加產品總銷售量，使得原料需求大增，在上游產業規模擴大的情形下，原料供應成本將可能因規模經濟而降低。這樣的結果，其實就如同推門競局一般：由於雙方的同時使力而開啟了獲利的大門。

3. 如果甲廠商開拓新市場時，選了一個市場規模小的區隔。在此種情形下，如果其競爭者選擇跟進，由於市場規模小而無法同時生存，最後將造成兩敗俱傷；如果競爭者選擇不跟進，則甲將會獨享在新市場區隔的利潤。此種情境的結局，與簡單的膽小鬼遊戲所刻劃的互動關係相同。

其實，在以上的三個例子中，甲廠商所做之可選策略類型的設定，就如同甲自己事先選了一個戰場，然後才在戰場上選擇一個適當的決策一般。由於甲所選的戰場，將會使某些競爭者的市場受到影響，這些競爭者將會分別決定最適的因應。其中，甲廠商所做的可選策略類型設定，一方面會受到自身條件的限制，另一方面則會受到競爭者現行的策略、所具有的條件以及對當前與未來市場情境的看法所影響。

首先，自身條件對於可選策略類型的限制，道理相當明顯。如果廠商自身的實力財力雄厚，各項資源豐富，擅於執行各種戰術，這家廠商所可以選擇的策略類型，當然就相當多。它可以選擇進行價格競爭，可

以選擇開拓新市場區隔，甚至可以選擇推出新產品等等。

再者，競爭者對於甲廠商策略類型決策的影響，則是因爲在現實中策略本身是相對的，而且競局的結局包括報酬與風險，都是經過互動後決定的。所以競爭者所擁有的實力，將會在策略互動中影響到甲廠商的報酬與風險，進而影響到甲廠商的策略類型之決定。

舉例來說，如果甲廠商以爲現有產品市場已然停滯，並設定產品品質爲其可行策略，決定提高產品品質。而此一提高產品品質的行爲，最重要的是相對於競爭者現行產品品質提高了。因而甲的提高產品品質，將會使其產品相對地在品質上領先，或拉近了彼此產品在品質上的距離，進而影響競爭者的報酬。爲因應此種影響，競爭者可能會有所回應。

而競爭者所可能做的回應，除了競爭者本身的條件限制外，還會受到競爭者對於市場規模與成長的看法等等的影響。換言之，競爭者可能依自身的效率優勢，並認爲現行的市場仍有可爲，而另開價格競爭的戰端；也可能直接回應甲廠商的提高品質策略，依自身的價值優勢，同樣看好未來市場發展，而提升產品品質。不論如何，甲廠商的報酬都將受到競爭者這些回應行爲的影響。所以，甲廠商在進行可選策略類型決策時，必須將這些競爭者的決策過程與回應納入考量。

綜而言之，企業決策者在決定策略類型時，也同時決定了對手與戰場。而且，當所有的廠商，皆朝著技術創新、品質提升與市場開拓等策略類型競爭時，廠商間將會有良性的競爭，將可以創造良好的產業形象，對於消費者與廠商本身的長期經營效益將會有實質幫助。反之，如果廠商經常發動價格競爭，企圖透過降價以增加市場佔有率，然而其降

價行為固然會受到消費者的青睞，但在彼此的相互競爭下，長期的經營效益將難以顯現。

換言之，企業決策者在考量競爭對手時，除了迫於事實的態勢自然出現的競爭者必須坦然面對外，若能以更積極的態度，主動選擇「好」的競爭者，則能形成彼此都有利的局面。

企業決策者在選擇好的競爭者時，主要須考量競爭情境與競爭者條件兩部分。首先，在競爭情境方面，企業競爭的結果不必然是個零和競局。前面所提到的三種矩陣類型，均非單純的零和競局，如果競爭雙方能夠適度的協調，則對雙方都有利。

實務中，這種非零和競局產生的原因很多，包括，因為彼此良性競爭，促進技術創新與市場開拓；共同形塑良好的產業形象；共同填補各個不同的市場區隔，形成價格保護傘，更可避免單一企業因獨家經營受到政府、法律與輿論的干擾，對於經營的效益有實質的幫助。

對任何一個企業而言，好的競爭者除了如上所述，能在競爭情境中形成正和的競局外，在基本的經營行為方面，通常來說還應具有以下幾個特點：

1）該競爭者清楚的了解產業的遊戲規則與成本結構，對未來的發展亦有相當正確的認知，所做的決策不致過度違背一般的邏輯。

2）該競爭者對本產業的經營具有相當的承諾，同時充滿著活力，願意為長期美好的發展遠景而努力。

3）該競爭者能基於本身的條件訂定合理的目標，不採行不切實際的擴充策略，亦不會盲目的追求高風險。

企業在同業競爭的過程中，若能考量競爭的情境與競爭者本身的條件，主動選擇好的競爭者，則能夠化敵爲友、化阻力爲助力，使競爭成爲進步與共同發展的原動力，眞正成爲一個雙贏的競局。

競局的動態分析

　　前述獲勝機率與報酬矩陣，分別透過數字清楚的顯示競爭雙方相互的利害關係，企業決策者根據此種分析可推知競局的結果。但是，這些分析都只是分析特定時點互動行爲的靜態競局。在實務中，市場上的競爭很少停止，而是會在不斷地更換對手，持續地競爭。廠商間的交手，也很少經過一次交手就定生死，而是會在不同時點，不同環境下多次遭遇。在競局理論中，此種納入時間構面，分析參賽者間多次互動的分析，即稱之爲動態分析。而最簡單的動態競局分析，就是假設多個靜態競局在不同的時點發生，然後依序做競局分析。其中動態競局的最佳策略，就是在分析各參賽者分別考量各時點的互動，將前後時點之最適策略做最適聯結後產生。

　　在這種多次遭遇的競局中，參賽者除了被動的接受既有的情境外，還可以藉由策略的選擇與互動，改變自己的實力與未來競局的情境，爭取本身長期有利的地位。在實務中，廠商在各個時點的遭遇中，策略類型的選擇可概分成攻擊策略與防禦策略兩種。而這兩種策略的選擇各會產生不同的結果，且各有不同的適用時機，有時可採攻擊策略以爭取更大的利益，有時則必須採防禦策略以維護戰果。以下就分別針對這兩種

策略加以深入分析。

攻擊策略

所謂的攻擊策略，就是由企業本身所主動發起，爲了在市場上擴大自身利基，進而影響其他競爭者獲利的策略；而所謂的防禦策略，則是企業的利益受到其他競爭者的攻擊，被動的回應策略。對於攻擊策略而言，除了攻擊方式的種類外，最重要的就是攻擊發起時機。另外，攻擊策略還可因企業決策者的主觀想法，再區分成幾種類型。以下即針對這幾個有關攻擊策略的想法，分別簡單說明。

攻擊方式

前兩節所提及的幾個常見策略，如降價、擴展新的市場區隔以及提高產品品質等均可歸類爲攻擊策略。除了以上的策略外，其他還有一些常見且具破壞力的攻擊方式，包括：

1. 增加產品價值：推出新產品與提高產品品質都是增加產品價值的方法。而第一家增加產品價值的企業，通常會有先進者優勢（first-mover advantage），例如可以賺取第二家廠商跟進前的獨佔利潤、發展自身的學習效果與規模經濟、享有品牌忠誠度及顧客轉換成本的保護等等。

在市場上推出新產品的策略中，有些新產品將會完全替代掉原有對手在市場上的產品，直接摧毀對手在市場上所建立的各項優勢。例如：

倚天中文系統在市場上的地位，在一夕間由於微軟 Window 系統的出現，而完全瓦解，倚天中文根本毫無反擊的機會。有些時候，則是因為企業間的實力相當，而新產品的推出無法完全取代掉對手的地位，此時企業間將會形成新產品的推出競賽，每次戰役的勝負都取決於新產品推出的速度與行銷能力的強弱。例如，國內的電子字典市場，各家企業間不斷地在附加新的功能上競賽即是一例。另外，有些則是推出新的式樣或口味，以搶佔不同的利基市場，在各種市場區隔或地區掀起戰端，甚至部分實力財力雄厚的廠商，可能填滿各種利基市場的空隙，用以阻礙其他競爭者的進入。

2. 改變競爭規則：改變競爭規則的策略邏輯，就是企業利用策略類型的選定，轉換市場上的關鍵競爭規則，例如將原本市場上正進行的價格競爭，轉變成為提高品質的競爭，就是改變競爭規則。

改變競爭規則在效果上與推出新產品相似，亦即發動此一攻擊策略的企業，多半會取得先進者優勢。在現實的例子中，以美國航空（American Airline）在一九八一年推出「常飛客哩程優惠計畫」（Advantage frequent-flyer program）所造成的影響最為生動。當時美國的航空業原本多以價格為競爭重心，但在美國航空推出哩程優惠計畫後，該計畫獲得相當數量旅客的長期支持，美國航空因而在新的競爭規則中，取得可觀的先進者優勢。

3. 改變交易規則：這裡所謂的交易規則，可以是廠商與消費者間的交易，也可以是廠商與廠商間的交易。改變交易規則的策略邏輯，在於利用交易規則的宣告，限制競爭者的行為。

例如，業者為了吸引顧客，而保證自己所出售的商品必是「同業中

的最低價，如果不是，將退還差額」。這項保證，初看是業者限制了自己的定價行為，讓自己居於劣勢。但此一保證其實是告訴競爭者：「如果你降價，我將會馬上跟進。」這使得競爭者此後在每次降價之前都必須再三思。

換言之，就某種意義來看，此一宣示阻止了同業間的惡性價格競爭。另外，除了相對於同業的最低價的保證外，也可以是業者本身預期的最低價保證。克萊斯勒（Chrysler）在一九九〇年利用不降價的保證宣告，改變了消費者原本打算等待至年底大降價才買車的決策。不過，這項宣告雖然化解了克萊斯勒日積月累的存貨困境，另一方面卻可能讓克萊斯勒處於外在環境變化的危機之中，因為此後克萊斯勒將無法面對某些成本（如匯率）的大幅波動。

4. 引進同業競爭：在前二節的推門競局中，如果滿足規模經濟的利益大於同業競爭所帶來的負面影響的條件，引進同業以擴大上游廠商的規模經濟，進而降低成本，就是一種引進同業競爭的例子。除此之外，還有可能引進次要敵人以減低主要敵人進入的意願。例如，一家具有專利權的企業，為防止在取得專利權之後，其主要競爭者的加入市場競爭，它將會有誘因將專利權授權給次要競爭者。此一做法的目的，在於使主要競爭者以為市場已接近飽和，不但開發類似的專利將不敷成本，而且即使等到專利權年限到期後再進入市場，也已無利可圖。

5. 尋找夥伴參與競爭：這也是一種推門競局的應用。在汽車剛發明的年代，汽車最缺乏的是道路。美國的汽車業者為了吸引消費者買車，共同找了美國政府當夥伴，大量修築道路，因而擴大了汽車市場。然而到了九〇年代，道路已經相當普遍，消費者所缺的已不是道路而是錢，

通用汽車（General Motors）即找了銀行當夥伴，共同發行GM卡，允諾任一持卡人可以利用刷卡總額的百分之五，抵銷購車成本，每年最高可達五百美元。由於適時地引進夥伴，通用汽車最後不但獲利，銀行也同時獲利。

適用時機

企業準備採行攻擊策略時，應先就當時的市場競爭情境加以評估。大致而言，企業間的競爭情境可略分為兩類：互動過程以及穩定狀態。在互動過程中，企業間攻擊策略與防禦策略交錯並行；而在穩定狀態中，企業間已無太多的策略往來，市場的佔有率相當穩定。在市場相當穩定情形下，企業為了爭取較大的獲利，採取攻擊策略是比較適當的選擇。

在互動過程中，企業除了必須進行攻擊策略以擴大利基、先行取得較大的優勢外，還要隨時偵察各競爭者的各種行為，以適當的防禦策略維護戰果。以下就是在互動過程中，企業採行攻擊策略的適當時機：

1. 市場具吸引力，整個市場總銷售量正在成長，部分市場區隔尚未得到滿足，同時進入障礙很低。

2. 預期受到攻擊的廠商不會做直接的反應，只會採取某些防禦性的回應。

3. 無論受到攻擊的廠商採取何種回應措施，攻擊發動者所花費成本比防禦廠商所耗費成本低時。

雖然在互動過程中的攻擊策略能取得優勢，不過許多的攻擊策略

（特別是價格競爭），在同業的長期互動之後，多半會形成消耗戰（war of attrition），亦即廠商間的競爭將會日趨激烈，直到某些企業退出，使市場形成較穩定的狀態。另外，在穩定的狀態下，企業的經營幾乎只是為了守成，所以在此種市場的競爭情境，企業為了維持長期經營優勢，必定要進行較具破壞力的攻擊策略，以取得先進者優勢。

攻擊策略的類型

在較抽象的層面上，攻擊策略其實更接近精神或心智上的現象，是一種主觀的力量，從這個角度思考攻擊策略可以分成機會型、夢想型、挑戰型三種不同的形式，以下分別說明之。

■機會型攻擊策略

隨著大環境與消費需求的變化，待滿足的市場經常會出現，企業為了掌握這個新的機會，往往採取主動的攻擊策略。這種攻擊策略無疑具有相當的投機性，也需要有相當豐富的想像空間，才能將似有若無的機會形塑成有價值的市場。

採行機會型攻擊策略的企業必須具有以下幾個條件：

第一，企業及其主持人均有敏銳的環境偵察能力，能掌握環境發展的趨勢。

第二，企業內部具有創新和變革的習性；組織氣氛鼓勵員工進行產品、技術與製程的改良，同時積極開發新的市場。

第三，企業和外部組織維持良好而綿密的網路關係，能夠在最短的

時間內重新組合資源，因應新機會所引發的各種可能問題。

■夢想型攻擊策略

許多企業主在經營企業的過程中除了追求利潤外，常有一些屬於自己的抱負與理想，爲了實現這些理想與抱負常會採取主動的攻擊策略，以改變環境與競爭的態勢，這種類型的攻擊策略通稱爲夢想型攻擊策略。

由於夢想型攻擊策略基本上是企業主將企業做爲實現夢想的工具與方法，因此往往以夢想的實現爲其首要目標，相對而言必須經歷很長的一段時間才能爲企業賺取利潤。在這種情況下，夢想型攻擊策略要成功必須具有以下幾個條件：

第一，採行夢想型攻擊策略的企業主持人除了對追求的夢想有清晰的輪廓外，還必須能夠掌握實現這個夢想的部分核心資源，同時以他的理想與抱負來號召其他資源投入，因此企業主通常還需要具備較佳的資源組合能力。

第二，由於夢想型攻擊策略常須經過相當長的時間才能實現他們的理想，因此必須有堅持信念的毅力與勇氣，同時也需要有長期的資金支援才能生存，即使生存下來也必須維持較佳的利潤收入，才能有繼續發展研究的資源。

第三，夢想型攻擊策略雖然是一個長期努力的方向，但仍須創造短期的機會，唯有透過短期機會不斷的開創與掌握，才能讓長期的夢想逐步實現。

■挑戰型攻擊策略

第三類攻擊策略是面對領導者強力競爭壓力時，市場佔有率低的追隨者企業向領導者發起的攻擊性作為，稱為挑戰型攻擊策略。

一般而言，產業領導者會居於領導地位均代表其擁有相當多的競爭優勢，例如，聲望、規模經濟、累積的學習曲線及遍布的通路等等，因此追隨者要發動攻擊，通常必須承擔相當高的經營風險。

挑戰者要成功的挑戰領導者需要滿足三個基本條件：

第一，挑戰者必須建立持久的競爭優勢，不論此優勢是由採行低成本或差異化策略而產生。

第二，挑戰者必須運用策略抵銷領導者全部或部分的優勢，以確保挑戰者能夠因為自身之競爭優勢帶來合理的利潤。

第三，挑戰者必須採行某些策略來阻擋領導者的報復，使領導者不願或不能對挑戰者進行反擊。

防禦策略

當企業與對手處於互動過程的市場競爭情境時，並不一定都需要發動攻擊。有時候適當的防禦可以不必付出太多的代價，同時還能維持本身的利益，甚至在本身強大的實力後盾下，還能獲得意外的收穫。大致說來，企業在進行防禦策略時，必須有以下幾點認識：

第一，受攻擊部分的銷售量很低，不需要全面的展開反擊行動。但

為了顯示並非輕易的讓與，亦即不會輕易的被對手所驅使，會採取適當的防禦策略，例如：當競爭者傾銷某項產品時，本公司可採取減價的防禦策略，提高競爭者攻擊的困難度。

其次，現有的市場具有高度進入障礙，攻擊者很難產生攻擊效果時，這時企業只需要以靜制動，採取適當的防禦策略，確保既有的優勢地位即可。

第三，目前的競爭點在企業營運中佔有關鍵價值，此點一旦失守將產生連鎖反應，波及其他營運活動，此時企業必須採行較審慎之防禦策略，甚至採攻擊之防禦措施。

第四，面對對手的攻擊策略，有時最好的防禦策略就是模仿對手的策略。這樣的策略有時被稱之為老二主義。特別是一些攻擊策略相當容易被模仿，採行這些攻擊策略的廠商，不易取得太多的先進者優勢，反而會因為攻擊的發動而引進了主要競爭者的強烈反擊。

企業在採行防禦策略時有戰略、戰術兩個層次的思考。在戰略層次，應以降低攻擊可能性、將攻擊轉向較不具威脅的方向為主要目標，以確保本身的競爭優勢。

為了達到戰略上的目標，企業決策者應採行以下幾種作為：

1. 經常偵測市場中的變化，主動採行各種做法滿足顧客的需求，減少需求缺口，以減少競爭者發動攻擊的藉口。同時為避免競爭者因失去生存空間而發動割頸式的攻擊策略，在某些時候應主動從邊際利益較低的市場中撤退，以轉移競爭者的攻擊方向。

2. 透過新產品的開發及經營效率的改善提升本身的實力。同時將這些實力適當的加以顯現，塑造公司是一個頑強防守者的形象。讓競爭對

手清楚的知道，發動攻擊行動後必將帶來重大不利後果，降低競爭對手對採取攻擊策略後可能帶來的利潤預期，如此將可發揮某些嚇阻效果。

3. 運用各種方式封鎖競爭對手發動攻擊時可能的路線及後援，提高結構性障礙。具體的做法包括強化顧客關係、掌握原料供應來源和銷售網路，以及確保專利、商標或代理權等等。另一方面，增加廣告和研發投資，擴大經濟規模效益，放寬顧客付款條件，增加資金需求等做法，均足以增加攻擊者發動攻擊時的困難度。

防禦策略在戰術層面則以降低競爭對手的攻擊強度、減少本身的損失爲最高目標。具體的做法包括以下幾個：

1. 淡化競爭對手所強調的攻擊重點，例如，當競爭對手以價格發動攻擊時，將其貶爲次級品；對手若以特殊品質爲攻擊重點時，則質疑其安全性、實用性。

2. 提高潛在購買者的轉換成本，當競爭對手選訂競爭目標開始發動攻擊後，防禦者可以針對這群競爭顧客局部降價、提高折扣、贈送禮物、延長合約時間及付款時間等方式，提高競爭對手佔有這個市場所需付出的代價。

3. 發動防禦式攻擊。當競爭對手發動攻擊時，爲減低競爭對手的攻擊強度，可以考慮開闢其他戰場，以分散競爭對手的戰力。例如，競爭對手在國內掀起價格戰時，防禦者可以在國外市場發動攻擊；競爭對手選擇甲產品發動攻擊時，則防禦者可以打擊其乙產品，形成交叉對抗的局面。

除了交叉型防禦式攻擊外，在實務中運用訴訟，往往是防禦式攻擊最常見的形式，這種訴訟包括侵害專利權的控告、違反公平交易的控告

或產品性能安全的控告等等。而透過這些法律的訴訟,可以延後攻擊者的攻擊強度。

4. 隔絕攻擊效果,當競爭對手發動攻擊,同時確實佔有某些優勢時,應採取斷然的措施,將其攻擊的活動局限在某一領域中,避免其攻擊效果擴大。具體的做法包括明確區隔本身產品和競爭產品的差異,以便在顧客心目中形成不同的定位印象;採取快速收割策略主動撤出某個市場,如此可避免競爭對手的攻擊面過度擴張。

競爭訊息與訊號

在企業競爭的過程中,競爭雙方最終的勝負是彼此互動的結果。因此,除了主動採取攻擊式防衛策略外,有效掌握對方的動態,或釋放有利於本身的競爭訊號,便成為一項重要的策略工具。尤其是在許多競局中,彼此間行動的協調——不論是雙方的齊一行動(如囚犯兩難競局),或一方以威力的方式嚇阻對方的行動(如膽小鬼遊戲)——才能夠讓本身得到最佳的利益。在這種考量下,如何有效的釋放有利於本身的訊號,促進雙方行為的調整,便成為一項重要的策略藝術。

在實務中,廠商用來釋放本身意圖訊號的途徑有以下幾種:

1. 公開告知:廠商可以利用年報、公司簡介、記者會等各種方式,公開告知社會大眾本身未來的動向。這種做法,通常可用來宣告未來的重大發展,常有助於本身形象與聲望之提高。另一方面,亦可以讓競爭者知悉未來競爭的態勢,達到事先制服其他競爭者,或避免發生代價高

昂的同步行動。

2. 公開評論：廠商有的時候不是透過公開宣告的方式來傳遞訊息，而是透過公開評論產業事件的方式來傳達訊號。這種評論，通常可以表達廠商對目前競爭態勢的看法，以及本身策略背後的假定。事實上，從某家廠商對產業事件的公開評論中，我們很容易可以知道，它認為目前市場商品的價錢是太低或太高了？本產業未來的發展是有前途還是沒有前途的？

3. 戰術性行動：廠商為了讓對方清楚的知道本身的意圖，有時候會採取實質的行動。實務中，常見的戰術行動有兩種類型：一是發動「交叉對抗」，意即競爭廠商在某一區域發起一項競爭時，本身就在另一區域發動反擊，以回應發動攻擊的廠商。交叉對抗是一種間接的反擊方式，這種反擊方式通常表示，不願意引發有毀滅性的行動或對抗，但藉此表達對對方的不滿，並隱含進一步報復的可能。

除了交叉對抗外，另一種常見的行動訊號是，戰鬥性品牌。一個廠商在遭受其他廠商的攻擊或威脅時，可以推出不同品牌的產品，來威脅或懲罰攻擊者，以發揮警告的作用。

三位體理論

企業個體所處競爭的情境中，通常並非只有兩家廠商互動，因此競爭廠商除了考量本身的條件採行攻擊或防禦的策略外，藉由業者間的合縱聯盟改變競局的態勢是另一個重要的策略思考重點，值得吾人留意。

在聯盟策略中，三個成員間的互動關係較容易分析，其中又以兩人聯合對抗第三人最具有意義，而 Theodore Caplow〔1986〕所提出的三位體理論，給了我們很好的思考空間。

所謂三位體理論，是指在某一個連續的情境中，三個相關的成員所組成的社會體系。三位體內的整體利益是可以重新分配的，同時三位體內的成員目標彼此衝突，因此三位體中的成員可以藉聯盟、合作的策略，來獲得更多的利益分配。

三位體中成員的關係可以三個圈圈來表示（如圖5‧4），圈圈越大，代表其個別權力越大。吾人可以推知，依據各個成員間相互權力的大小可以出現八種不同的組合，同時藉由三人間權力分配的關係，亦可以預測三者間會出現何種聯盟類型。

三位體中不同的聯盟對於原有的權力關係與利益分配會有不同的影響。依據結盟可能產生的影響，可以區分成保守聯盟、革命聯盟和不當聯盟三類。以類型五為例，甲乙雙方結盟將穩固彼此的地位，但對既定

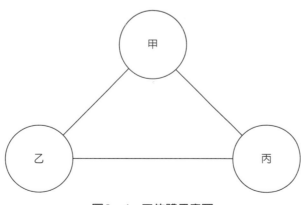

圖5‧4　三位體示意圖

表5‧2　八種類型三位體的保守、革命及不當聯盟

類　型		保守聯盟	革命聯盟	不當聯盟
型一	甲＝乙＝丙	無	甲乙、乙丙、甲丙	無
型二	甲＞乙，乙＝丙 甲＜（乙＋丙）	無	乙丙	甲乙、甲丙
型三	甲＜乙，乙＝丙	乙丙	甲乙、甲丙	無
型四	甲＞（乙＋丙） 乙＝丙	乙丙	無	甲乙、甲丙
型五	甲＞乙＞丙 甲＜（乙＋丙）	甲乙	乙丙	甲丙
型六	甲＞乙＞丙 甲＞（乙＋丙）	甲乙、乙丙	無	甲丙
型七	甲＞乙＞丙 甲＝（乙＋丙）	甲乙	無	甲丙、乙丙
型八	甲＝（乙＋丙） 乙＝丙	無	無	甲乙、乙丙、甲丙

〔資料來源〕：Theodore Caplow 著，章英華／丁庭宇譯（民77），《權力的遊戲》，頁77。

策
略
九
說

的權力地位沒有影響（即維持甲＞乙＞丙的關係），稱為保守聯盟；如果乙丙聯盟，則可以取得優勢地位，改變三位體成員的權力位階（此時乙＞丙＞甲），稱為革命聯盟。如果甲丙聯盟，原擁有高階地位的甲權力更增強了，同時丙受到甲的支持則可以支配乙，此種結盟是最具權力的甲破壞了乙對丙的合法權力，稱為不當聯盟。

在三位體的聯盟關係中，各種聯盟類型均有相當多的策略意義，其中類型五所隱含的策略涵義更值得吾人留意（請參見**表5‧2**）。在類型五中，丙雖然是實際權力最小的一方，但由於其依附甲、乙任何一方均將影響三位體之間的權力均衡關係，反而是甲乙雙方極力拉攏的對象，成為一個有力的少數。

類型五對屬劣勢的競爭者應有很大的啟示，當企業居於劣勢時，除了採行直接攻擊策略、嘗試反敗為勝外，尋找另一個較強的競爭者介入，形成不對稱的三位體關係，亦是另一項扭轉競爭態勢可能的策略作為，值得策略決策者深思。

結　語

「戰略」（strategy）一詞來自希臘字，原意為「將軍的作戰藝術」，意指指揮軍隊來打敗敵軍或減輕敗績之藝術及科學。一九五〇年代，競局理論開始發展，首先將「戰略」一詞引進企業文獻中，而成為當今一般人所熟知的策略。由理論的發展沿革，吾人可知「競局理論」本身雖會將問題簡化，但它確是策略理論的發源地，目前坊間許多從兵法中衍

生類比的企業策略書籍，其實均是依循競局的思考邏輯。

以競局為核心的策略思考邏輯，摘要來說有以下幾個重點：

一、以競局理論做分析時，應仔細分析競爭對手的習性，並透過策略類型的選擇，決定對手與戰場。

二、在可能的情況下應尋找一個雙贏的競局，同時和好的競爭者產生君子之爭。

三、依據既定的目標採用適當的攻擊與防禦策略。為了讓對手清楚了解本身的意圖，運用適當的方式傳達必要的訊息是絕對有必要的。

四、本身屬於弱勢的企業並不代表其完全沒有生存的空間；集中資源取得局部優勢，或是有效的運用三位體理論，尋找適當的結盟對抗，常能產生以小搏大的結局。

五、競爭的情境不斷在變化，因此策略決策者應隨時偵測外在環境的變化，重新進行策略的評估。天下沒有永遠的敵人，也沒有永遠的朋友，應是競局理論的最佳詮釋。

其實競局邏輯在企業策略中的運用，就如同前文所述，並不限於分析自身與競爭者之間的互動關係，因為競局中的對手不但可以是同業，可以是夥伴，也可以是消費者，而且對手在競局中所扮演的角色，最終還是決定於策略類型的決定。

最後，在運用競局邏輯去思考策略課題時，應當謹記競局分析背後所隱含的一些假設，包括競局的與賽者都是理性的參賽，非常清楚自己的資源限制、可選的策略類型以及策略互動的結果，而且每次參賽都必然以最有效率的方式執行策略。雖然這些假設有助於競局分析的有效性，但是這些假設有時會將現實的市場狀況，化約成過度簡化的競局，

將會使得競局的分析結果非常不切實際。換言之，過於複雜的市場情境，將較不適合以競局理論進行分析。綜而言之，在運用競局理論做分析，必須對市場情境進行簡化時，一定要認清影響結論的關鍵所在，避免將競局做過度的簡化，使競局失去刻劃市場情境的能力，如此利用競局的分析，將可使理性的企業決策者掌握住經營環境的動態形勢。

統治說

企業是一個資源統治的機制，

分與合間但看交易成本與生產成本的衡量。

資源統治

企業是資源統治的機制

　　企業存在的基本功能是提供產品或服務，以滿足顧客的需要。為了達成這項使命，企業需要很多不同的資源，這些資源包括原材料（零組件）、技術、生產設備、資金、人力、通路等等，如何將這些資源有效的加以統合，使其發揮最大功效，以創造出顧客所需要的產品或服務，就成為企業經營活動中最重要的策略課題。從這個角度看企業，我們可以說企業是一個資源統治的機制，企業能夠存在且有利潤，其實是因為它能夠將這項資源統治的任務做得很好，而企業經營策略的核心課題，便是有效地處理企業與各個資源提供機構間的統治關係。

　　更進一步言，消費大眾在購買一項產品或服務時，關心的是這項產品組合能否滿足他的需要，至於這項產品是如何組合而成的，並不是一般顧客關心的重點。例如，顧客在購買一套電腦時，他關心的是這套電腦的功能與品質是否理想、周邊設備是否完整。至於這套設備的各個部分——CPU、終端機、磁碟機、印表機及各種軟體——是由哪一家廠商實際生產的，對顧客而言，並不是非常重要的問題。至於這些廠商的生產設備、技術能力、人力、資金是如何取得的，消費大眾就更不關心了。因此，企業如果能夠建構適當的資源統治機制，來整合資源、降低

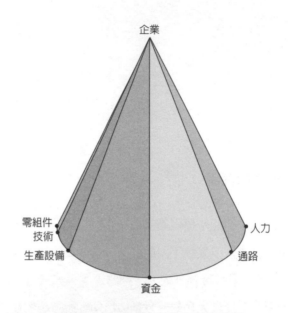

図6・1　企業是一個資源統治機制

生產成本，同樣能形成重要的競爭優勢，是一項非常重要的策略課題。

統治形式

　　對企業決策者而言，要做好資源統治的工作，應先了解資源的統治策略。一般而言，資源統治具有兩個極端典型。一為「內部組織型」，亦即營運活動中所需要的資源，完全由組織內部自行生產，例如，自行研發、自行生產零組件、自行培訓人才、自行建立通路等等。另一則為「市場交換型」，亦即從公開市場中購買或取得所有必要的資源，例如，向外購買零組件、技術專利、從公開市場募集資金、運用現有之零售體系銷售產品等等。企業對於每一項資源的取得，均可以考慮採用這兩種

不同的資源統治策略，理論上來說，每一家企業主持人可以根據外界的情境因素與本身的策略構想，去建構企業與資源間之關係。

在前面的討論中，吾人將資源統治的方式化約爲外部市場與內部組織兩個極端的典型，這純粹只是基於討論的方便。在實務上，尤其是在台灣的企業經營實務中，我們看到更多介於「市場」與「組織」兩者之間各種不同的做法。台灣很多企業從外界取得必要的資源，但其來源並非是完全公開的市場，而是長期往來的合作夥伴，例如，授權、策略聯盟、基於人脈的合作默契、正式合作協定、中衛體系等等，都是企業與周遭事業夥伴間常見的關係。在實務中，這樣的關係其實非常普遍，國內多數企業均會有一些主要供應零件的衛星工廠、長期合作的銷售通道，以及經常往來的銀行等等。這些關係幫助企業取得必要的資源，同樣具有資源統合的功能，因此，亦可視爲是資源統治的重要形式，筆者將這種統治的形式通稱爲「網路」。

具體而言，所謂網路是指，「組織間基於專業分工、資源互補的理由，彼此建立起長期的合作關係」。在這項關係下，各組織仍維持相當自主的營運空間，但由於彼此擁有長期合作的默契，使得交易成本很低，是另一種值得重視的資源統治形式。

交易成本理論

我們了解了企業與資源提供者間可能建構出許多不同的關係後，接下來重要的課題便是，如何選擇適當的統治形式。在這項討論過程中，

交易成本理論扮演了一個關鍵的角色，是我們必須先了解的課題，以下簡單的加以介紹。

緣起與定義

交易成本的觀念早在一九三七年就由寇斯（Coase）〔1937〕提出。寇斯在他最早的論述中指出，從現實環境的觀察中，經濟學家同意價格機能是一種較佳的協調機制，但也承認企業家的協調功能。後者之所以出現而存在，其實是透過價格機能進行的交易行為會產生許多成本，這些成本的產生使得市場價格機能運作體系不盡完美，替代方式應運而生，企業家所主持的企業組織，便是另一種替代市場機制進行資源分配與整合的主要方式。

寇斯的看法提出後，起初並沒有得到重視，他自己常說，他的理論「經常被提到，但很少被使用」。直到一九七五年，威廉生（Williamson）〔1975〕綜合了寇斯的理論和其他有關交易及交易成本之相關文獻，發展出「交易經濟學」後，才為此學術領域開啟了一個新的紀元，寇斯亦因此獲得一九九一年諾貝爾經濟學獎。

為了便於進一步之討論，筆者先將「交易」與「交易成本」做一個簡單的定義。

所謂交易，是指「技術上獨立的買賣雙方，基於自利的觀點，對所意欲之產品或服務，基於雙方均可接受之條件，建立起一定之契約關係，並完成交換的活動」。而交易成本則是指，「在交易行為發生過程中，伴同產生的資訊搜尋、條件談判（議價）與監督交易實施（品管）

等各方面之成本」。

在傳統的經濟學中，認爲所有的交易均可以自由完成，不會發生任何困難，亦即沒有交易成本的存在，但是在實務中，幾乎任何交易的進行都須花費成本。例如，我們口渴了，想買一瓶飲料，必須找找看有哪一家店在賣飲料，找到這家店後，還須注意產品的價格，是否有折扣或贈品，買到東西後，還得檢查這瓶飲料包裝是否完好、品質是否有問題等等，這些均是購買這瓶飲料的過程中所須付出的交易成本。上述在購買飲料的過程中，交易成本也許微不足道，但如果消費者買的是一棟房子，那麼在資訊搜尋、條件談判與監督交易實施等方面，所耗費的交易成本就非常大了。

成　因

如前所述，交易成本在實際的交易行爲中幾乎一定存在，但交易成本的高低，在不同的情境下有明顯的不同。綜合學者的看法，筆者認爲影響交易進行、產生交易成本的原因，可以從交易人、交易情境、交易標的物與交易頻次四方面加以分析。

■交易人

在交易人方面，人類原有企圖追求利益極大化之理性行爲，但因精神、生理、語言上皆有限制，而使理性行爲受到限制。因此，在交易過程中之行爲，並非最理性之結果，交易雙方這種不理性的行爲，增加了交易的困難度。

另一方面，交易雙方基於尋求自我利益，常會採取一些策略行為，如果彼此間隱藏著懷疑與不信任，則交易過程中之監督成本必然大增。

質言之，交易雙方的「有限理性」（bounded rationality）與「投機心理」（opportunism），是產生交易成本的重要因素，而這方面成本的高低，則與交易人特質有非常密切的關係。

■ 交易情境

在交易情境方面，以下幾項是影響交易成本高低的主要因素：

1. 環境之不確定性與複雜性：未來環境如果充滿著變化與不可預期，則交易雙方的理性行為必會受到許多限制，在協商與訂定契約的過程中，常須付出更多的時間與精力。同時，由於環境的變化很大，交易雙方常希望有較大的彈性來調整彼此的供需關係，但這往往造成另一項很大的交易成本。

2. 少數交易：在交易過程中，如果和交易相關之知識具有異質性，資訊便不容易完全流通，因此，市場上的交易，往往實際上仍只是少數人參與。當參加交易的人數不多時，交易雙方討價還價的過程將很漫長，彼此間所產生的交易成本便極為高昂。例如，在建築業中，由於土地供給有限，建築物壽命又長達數十年以上，具有稀少與異質之特性，市場交易原非常事，同業房屋買賣過程中，所涉及的各項法律課題又頗為繁雜，因此交易成本很高。

3. 資訊不對等：在交易過程中，由於環境變化及人性的投機心理，使得交易雙方握有的資訊完整性，在程度上往往不同。在這種情況下，常易導致「先行動者」（first mover）得利，並形成前述少數交易的現

象。例如，在房屋買賣過程中，由於房屋的售價極高，一般民眾購買機會不多，平均每人一生之房屋交易次數不及二次，無法透過交易來累積專業知識，與仲介經紀人之間所擁有的資訊有很大的距離，因此，消費者的權益極易受到損害。

4. 氛圍：交易雙方若是處於對立的立場，整個交易常充滿著懷疑與不信任的氣氛，交易過程將重視形式而不重視實質，徒增交易成本。

■ **交易標的物**

在交易標的物方面，以下幾項是影響交易成本高低的主要因素。

1. 交易商品的獨特程度：一般而言，交易商品若屬標準品，例如一般購買的日常用品牙刷、牙膏，由於有客觀的價值、價格指標，交易困難度很低。但如果交易的商品屬於獨特品，則需要投注於搜尋、議價與監督的心力自然甚高。這就如一個人在尋找終身伴侶時，如果條件嚴苛，則他可能要天涯海角尋尋覓覓，尋到後還得費一番功夫追求，情況是一樣的。

2. 買賣雙方額外投入程度：在某些情形中，買賣雙方在從事某一項交易時，除了交易的標的物外，還需要配合對方的需要，投入一些額外的努力。例如，下游配銷體系基於產品的特性，需要訂購特殊之冷藏設備；又如上游零組件廠商配合下游裝配業者之需求，增購特殊資產，以生產特殊規格之零件，並由下游廠商給與各種必要的技術輔導。這些案例均顯示，彼此間的生產研發活動，存有相當程度之相互依賴。由於彼此間之依賴程度高，往往須花費相當的心力來訂定一份複雜的契約，訂約雙方為了防止對方產生投機行為，還必須支付相當之防治成本。凡此

種種均顯示，上下游廠商間相互依賴的程度提高時，在交易過程中，將產生相當程度之交易成本。由於這些努力常需要在交易進行一段時間後，才能夠確知其效果，因此，如果要在事先訂定一份公平的交易契約，顯然是一項非常複雜的工作。

3. 品質的可辨識程度：某些交易標的物的品質，無法以簡單的方式來辨識，買賣雙方便會產生風險承擔，或道德危險之問題。例如，當上游廠商所生產的零件品質不確定，而其品質又會直接影響到下游產品品質時，則下游廠商需要承擔相當程度的風險，為了降低該項風險，常必須支付高昂的檢測成本。又如上游製造業者，經過長時間的努力，建立起良好的品牌聲譽，使得最終顧客願意支付較高的代價來購買該產品。但是，對於下游配銷體系的廠商而言，他們分享因為上游廠商品牌信譽所帶來之超額利潤，但卻無任何誘因使他們去維持產品及服務的品質，這種「搭便車」（free-riding）的行為，是一種典型的道德危險。由於搭便車的行為可能發生，因此，上游廠商在授與其下游經銷商經銷權時，往往需要訂立繁瑣的合約來說明利潤之分享原則，並有效規範經銷商的行為。這些談判與監督的成本，無疑是非常高昂的。

■交易頻次

在交易頻次方面，由於每一次交易均會產生交易成本，在其他條件不變的情況下，交易頻次愈多，其累計之交易成本自然愈大。

綜合以上的討論，吾人大致可以了解，交易人特質、交易標的物、交易情境與交易頻次等，均會影響交易過程中交易成本的高低。

資源統治的策略邏輯

抉　擇

　　企業在決定每一種資源的統治方式時（例如，人才應由內部培訓還是從外面挖角、零組件應自製還是外購、自己建立銷售網路還是運用現有的銷售體系等等），都必須仔細分析取得該項資源所會伴隨產生之成本，以決定最佳資源統治策略。

　　大致來說，當交易雙方不理性、交易標的物非常獨特、交易頻次高，同時交易情境因外在環境、交易參與人數、交易氣氛與資訊流通等因素影響，使市場機制無法有效運作時，企業從外部取得資源的過程中所產生之交易成本甚高，就應考慮由組織內部來完成；反之，企業以透過市場交易的方式來取得該項資源較爲划算。

　　企業在選擇資源統治策略時，除了考慮取得資源的交易成本外，還必須考慮建構資源的生產成本。例如，自己建立銷售網路，由於產銷兩個部門的組織文化、溝通語言相近，交易成本自然較低。但是，因爲經驗、專業、規模等因素的影響，自己建構的銷售網路的運作效率可能不佳，生產成本甚高。綜合來看，自建通路仍不經濟，因此，在考量統治方式時，仍應以運用外部的通路爲佳。

　　以上的分析，適用於任何一種資源統治形式的選擇。質言之，企業

在選擇資源統治的形式時，須綜合考量創造該項資源的生產成本，以及取得該項資源的交易成本，兩者相加總成本較低的一類，即是較佳之統治方式。若以數學公式表達，大略是這個樣子：

$$最佳資源統治策略＝極小化（資源統治成本）$$
$$＝極小化（生產成本＋交易成本）$$

威廉生〔1979〕將上述的討論簡化成交易頻次、交易商品獨特程度和統治類型三者間的關係，這項關係可以**圖6・2**表示。

由圖6・2可知，當交易商品為標準品時，透過市場競爭，可使生產廠商的生產成本降至最低，同時，交易過程中產生之交易成本亦甚低，應採市場交換統治方式。當交易商品為半標準品，且需求頻次高

		交 易 商 品 獨 特 程 度		
		標 準 品	半 標 準 品	專 屬 品
交易頻次	偶爾交易	市場統治	三邊統治 （存在中介團體）	
	經常交易		雙邊統治 （合作網路）	單邊統治 （內部組織）

〔資料來源〕：修改自Williamson（1979）

圖6・2　交易商品、交易頻次與統治形式的關係

時，仍宜委託外人生產，以發揮專業效果，但爲降低交易成本，宜和交易對方維持長期的合作網路關係，以提高交易雙方的理性行爲，增加彼此的信任感（即採雙邊統治型）。當交易商品爲專屬品時，購買過程中所須花費的搜尋、議價與監督成本甚高，如果交易頻次又很高，則向外界購買所產生的交易成本，將遠高於其因專業生產而獲得的優勢與利益，因此宜採用單邊統治方式（即內部組織型）。

當交易商品非標準品或專屬品，向外購買將產生高昂的交易成本，但由於購買（使用）的頻次不多，自行生產不符合經濟效益，這時候就會有中介團體出現，以專業的能力協助雙方進行交易，降低彼此的交易成本，形成「三邊統治」的形式，我們日常所常見的房屋仲介公司、獵人頭公司均屬此類。

威廉生建構的理論，雖未考量特定的交易情境，但已充分掌握了資源取得過程中各項重要成本的影響因素，是一個極具實用價值的分析架構。

資源運用的策略思考

在企業的營運活動中，資源取得是一項重要的策略任務，這項策略的分析邏輯在前面已討論過了。但企業經營一段時間後，企業內部會累積一些資源，例如品牌、人力、通路等等，如何能夠有效運用這些資源，亦是另一項重要的策略任務，而「交易成本理論」同樣可以幫助我們在這項策略課題上的思考。

我們舉一個例子來說明這樣的情境。某一家公司在食品業建立了良

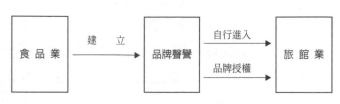

圖6‧3 資源運用的策略思考

好的聲譽，這時候聲譽便是公司累積的重要資源。企業在面對這種情況時，希望能充分運用這項資源，因此，打算用同樣的品牌進入旅館業，以發揮綜效（synergy）。

這樣的策略構想是否恰當？企業面對該項策略課題時，應做以下的考量：自行投資經營旅館業，由於是自己使用品牌聲譽，不會產生任何交易成本；但另一方面，旅館業對該企業而言，畢竟是一個陌生的行業，因爲專業、經驗不同的緣故，自行營運旅館的生產成本可能相當高昂，結果將使得該事業部反而不具競爭力，甚至造成虧損。因此，該企業應考慮另一個可行方案：將品牌授權（即將品牌資源賣掉）給他人使用——這個方案同樣可以達到充分運用該項資源的目的。當然，在做這方面的評量時，我們應注意進行品牌交易時的交易成本（包括尋找合適品牌授權對象的搜尋成本、協商授權條件的談判成本、爲避免品牌被濫用的監督成本等）是否合理而可接受，如果交易成本不太高，便可以考慮以品牌授權方式運用該資產。上述的例子說明了資源的運用方式同樣具有自用與外賣兩種形式，和考量資源取得時具有自製與外購兩種方式對應，其分析邏輯與策略作爲和考量建構資源時，在生產成本與交易成本二者間取得一適當的折衷方案，是完全相同的。

在實務中，有關企業運用本身資源的策略思考，就是一般通稱的多

角化策略。多角化策略泛指企業走向一個新的事業領域。大致來說，多角化策略可分為「關聯性多角化」與「非關聯性多角化」兩類。所謂關聯性多角化，指企業在多角化營運中的各個事業間有若干共通點；非關聯性多角化，係指經營的各個事業間缺少共通點。換言之，關聯性多角化是指，企業在成長過程中走進一個新的業務領域，而這個新的業務領域和原有的業務領域有某些關聯性，或是共用通路，或是共用品牌或研究技術。當企業進行關聯性多角化策略時，代表企業擁有某些策略性資源尚未被充分使用。如果這些資源具有可交易性，則企業可將多餘的資源出售給他人使用，彼此充分發揮專業經營的效率。但是這些資源（如前述的通路、品牌或技術）通常具有特異性及外溢性之特點，如果採行交易方式，常會發生較高之交易成本，由企業自行運用較符合經濟效益，這便是取企業採行相關多角化策略的基本邏輯。

其次討論非關聯性多角化策略。從經營專業化的觀點，採行非關聯性多角化策略的企業同時，須關注多個不相關的業務，無法發揮專業能力，是一種較無效率的安排。此時，如果資金市場非常有效率，則廠商可以將其從原來經營行業所賺得多餘的資金，透過金融機構或資本市場，轉移到新的行業去資金流通。這些新的行業，在專業人才的經營下，效率較高，其投資報酬率亦較高。但是，這一個資金流通管道通常並不是非常有效率，這可以從交易成本理論來解釋。一般來說，金融機構將資金貸款給企業時，均需要有相當程度的保證，該項保證一方面來自於企業提供之抵押品，一方面來自於徵信資料。對新興的企業或固定資產較少之企業（如服務業）來說，由於欠缺足夠的抵押品與徵信資料，加上金融機構行員對新興產業的陌生，常常必須付出相當的努力，

才能取得金融機構的貸款，這就是交易成本。

一般而言，當企業成長到一定程度後，由於原有產業逐漸成熟，或基於風險分散的考量，多會嘗試走向一個新的營運範疇，這一個新的事業目標，通常不會是一個成熟的企業。由於金融管道之交易成本十分高昂，而自行投資則可以節省相當程度之交易成本、提高投資報酬率，因此，非關聯性多角化成爲一項有意義的經營策略，這種策略在新興產業出現及外在環境變遷快速時，更爲常見且合理。

仲介機構的策略思考

這幾年來，國內的經濟結構明顯改變，服務業快速興起，各種形式的仲介機構紛紛出現，例如，房屋仲介、留學仲介、移民仲介、旅行社、獵人頭公司等等，都提供了不同形式的仲介功能。筆者在前面提到，仲介機構扮演著買賣雙方資源交換過程中的第三者，協助交易的進行與完成，彼此間形成「三邊統治」的關係。由於分析的取向在三者之間的統治關係，因此，仲介機構的經營策略，同樣可以從交易成本理論來思考。

由圖6‧4可知，仲介機構是存在買賣雙方間的第三者。從理論上來說，買賣雙方原可以直接進行交易。例如，想賣房子的人在報章上登廣告，或在路旁貼紙條，而想買房子的人則主動蒐集資訊，並直接和賣主議價，如果雙方能夠談妥，則交易便可以成立並完成。但在現實環境中，大家都可以感受到，買一棟房子所須花費的交易成本其實非常高昂，這中間的成本包括，找到適當的房子、確認相關地籍、產權均無糾

紛，且使用狀況良好，議定合理的價錢，並完成買賣過程中所有必要的訂約、交屋與付款手續等等，在在均費時費力。如果有一個機構能夠代辦這些工作，且能夠很有效率的完成，則買賣雙方均會有意願委託這個機構來進行交易活動。

換言之，仲介機構的出現，完全是買賣雙方間存在著交易成本，當交易成本愈高，仲介機構的生存空間便愈大；反之，則愈小。因此，前述的交易成本理論，實在是仲介機構營運的主要依據。從該理論中，吾人可以得到有關仲介產業經營幾點重要的策略邏輯：

第一，當交易標的物愈複雜、交易頻次愈低時，仲介機構出現的可能性便愈高。反之，當交易標的物逐漸標準化、交易頻次增加後，仲介機構便沒有存在的空間了。例如，房屋買賣、移民、高階經理的尋找等等，均是因為買方所需的「產品」規格特殊，且交易頻次很低，買賣雙

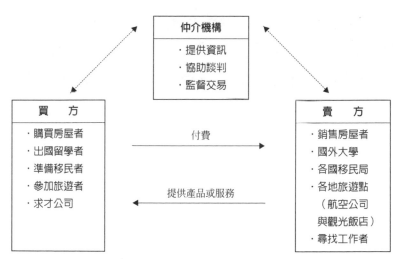

圖6‧4　三邊統治的實務運作

方沒有「學習交易」的動機,因此,仲介機構紛紛出現,協助此類交易的進行。另一方面,由於一般社會大眾搭乘國內飛機的機會增加,航空運輸的價格與服務亦趨向標準化,因此,代理國內機票的旅行社便逐漸式微了。

第二,當交易雙方的知識、資訊愈豐富,或交易雙方有足夠的時間(即時間的機會成本不高)投入交易時,仲介機構存在的價值愈低。例如,早期國人出國時,多會透過旅行社組團出國。近年來,由於報章雜誌上所報導的旅遊資訊非常多,國人出國機會增加,外語能力亦日漸提升,因此,許多人出國旅行時,逐漸傾向採取自助旅行的方式,自行尋找住宿、餐飲與遊樂的地點,並處理交通問題,而不再透過旅行社,便是一個很好的例子。

第三,當交易情境不確定,彼此間存在著猜忌、不信任的氣氛時,仲介機構存在的可能性便愈高。例如,台灣許多企業集團近年來均打算投資高科技企業,但是,如果投資的報酬率不確定,投資雙方又有很高的猜忌心理,則往往以委託第三者來進行這項投資的方式較佳。高科技產業中非常流行的創業投資基金(venture capital),便是在這種情境下的產物。

交易成本的管理

在前面的討論中,吾人基本上認為,交易成本和交易標的物的資源特性及交易頻次有密切關係,因此,當欲取得的資源標的物確定後,交

易成本即確定了，此時，企業便可以根據欲取得資源之特性，選擇適當的資源統治方式。以上的推論非常正確，但仍須注意的是，交易成本除了受資源特性影響外，還受到交易人特質、交易情境等其他因素的影響，這部分的交易成本亦可以透過適當的管理來降低，但一般學者卻都忽略了。

筆者認為，若要降低交易成本，可考慮從交易人及交易情境這兩方面著手，具體的說，大致有以下幾種做法：

一、尋找理性且具有共同價值體系的交易對象，並提供充分的交易相關訊息，以促成交易過程中的理性行為。例如，以往國內的光電產業同樣有能力供應台灣廠商所需的晶料，但下游廠商多向日本購買，而不願採用台灣廠商的產品。經多次訪談後了解，下游廠商認為，若改向國內採購，須調整生產設備，且台灣廠商的供貨品質令人懷疑。後來，透過由國內產官學研組成的「光電半導體工業技術發展諮詢委員會」進行輔導與撮合，並提供相關訊息，下游廠商歷經數次試用後，對台灣供應廠商逐漸產生信心，終於建立起長期的合作關係。

二、與交易對象建立長期多次的交易關係，使交易雙方均對下次交易的機會有所預期，以降低投機的心理。台灣中衛體系成立之目的，即在於以最終裝配廠或基本原料廠為核心的中心工廠，結合其零組件製造廠或下游加工廠的衛星工廠，使之成為一高度相互依存的產業體系，有計畫性的密切配合，共同推動管理與技術之進步，提高產品品質、降低生產成本，增強競爭力。由於體系中的成員均屬長期交易關係，且對未來均有共同的遠景，再加上良好的管理制度，彼此間的交易成本自然就降低了。

三、降低環境的不確定性與複雜性。交易雙方若處在一個高度不確定與複雜的環境中，便很難形成理性的交易行為。管理者應努力改善交易情境，以利交易之進行，具體的做法很多，但擁有交易優勢的一方若願意承擔環境變動的風險，必能降低交易成本。例如，甲企業擬委託乙企業代為生產某個零件，但乙企業若要生產這個零件，需要添購一項價值昂貴的設備，乙企業擔心這個訂單不知何時會被終止，因此，在進行該項交易的過程中，必將產生極高的交易成本，甚至無法成交。為了促成該項交易，甲企業可以給與乙企業長期的購買保證，或代購該項設備租給乙企業。此時，乙企業所面對的環境就非常確定且非常單純，不必費心談判，雙方交易成本降低，交易自然很容易就完成了。

四、塑造並維持交易成員間的信任氣氛，促使資訊更自由的流通，讓交易中的任何一方均毋須為了怕對方投機，而保留與交易有關的資訊。如此，可以使得交易者在搜尋交易決策所需要的資訊時，不須付出過高的費用，同時，亦不必擔心交易雙方不履行交易合約，交易成本降低了，交易自然容易完成。中心衛星體系為促使成員間之信任，多努力建立其體系內之情報網。藉由電腦網路連結，中心廠與衛星工廠將產業中的重要資訊和情報交互傳遞，提供給該體系所有成員共同分享，除能縮短彼此聯繫作業時間外，更能塑造體系中之信任氣氛。

信任氣氛對交易成本的降低，同樣有關鍵性的影響，但是，在管理實務中不易施力。大致來說，除了資訊分享外，良好的社會體系與長期穩定的人際關係，都是建立信任氣氛的主要關鍵。

各個企業基於本身的人脈與管理制度，對於塑造良好交易情境的能力會有明顯的不同。企業如果能夠降低交易成本，即代表該企業能夠透

過較其他企業更多不同的方式，取得必要的資源，可以更有效的運用外界的專業能力，降低本身的生產成本，因此，企業所擁有的「管理交易成本」的能力，應屬於企業內另一項非常值得努力建構的策略性資源。

結　語

統治說是以交易成本理論為基礎發展出來的，由於理論本身的嚴謹性，使得統治說亦能以較科學的面貌出現。綜合以上的討論，有關「統治說」的策略邏輯有幾點是值得再次強調的：

一、從顧客的觀點看，顧客只在乎，企業所提供的產品組合是否有價值，能否為他帶來效用，並不關心這項產品組合是如何生產出來的。因此，企業經營者除了須有敏銳的嗅覺掌握顧客的偏好外，最重要的任務應是，如何以最有效率的方式統合資源，而非只是埋頭於內部的生產活動。

二、從資源統治的觀點分析，企業任何一項策略作為，都可視為資源取得與運用形式的改變。例如：自製零組件、自建通路代表的是增加資源取得的自主性；而擴展產品／市場，則是企業本身有效運用企業過去累積的資源。以這樣的方式分析，所有企業策略作為的思考邏輯，均可以遵循資源統治的相關理論。

三、在資源統治關係的分析中，任何一個資源統治策略的選擇，基本上需要同時考慮建構資源，並轉換成價值過程中所必要的「生產成本」，以及取得或交換資源所須付出的「交易成本」。能夠讓這兩種成本

相加後，總和成本最低的統治形式，才是最佳的統治策略。

　　四、傳統的資源統治只提出「市場交易」與「內部組織」兩種形式，其實，介於二者間還存在著許多不同層次的「合作網路」統治形式。在這些合作網路中，交易雙方具有長期往來的非正式關係，彼此既能發揮分工的專業，又能降低交易成本，是一個極具有價值，但有待深入探討的資源統治形式。而「有效管理交易成本」的能力，將使企業在資源整合過程中具有更寬廣的選擇空間，將成為未來企業營運中重要的策略性資源，更值得吾人關注。

　　五、「統治說」分析的是組織間的課題，而非組織內的課題，它只能回答：「用什麼方式取得或運用資源，是最有效率的？」但不能回答：「哪一類資源是最有價值的？如何轉換資源是最有效率的？」這些都有賴其他的學說來補足（如「結構說」、「價值說」、「效率說」）。

互賴說

組織是一群相互依賴共同爭取資源的聯盟，
單一企業的生存決定於彼此間的依賴關係。

傳統的策略理論以「企業個體」為分析單位，認為企業可依其自由意志與外界環境談判，並透過策略的應用，改變現有的生存條件，或改變環境的威脅程度。換句話說，策略是企業個體的主觀行為，企業透過本身營運範疇或核心資源的調整，便足以尋得一個適當的生存利基，甚至改變產業的遊戲規則。

　　但仔細觀察真實環境中的企業活動，幾乎沒有任何一家企業能夠由組織內部提供生產所需的全部資源，亦無法以一己的力量對抗環境的壓力。常見的現象是，企業間基於本身的專業形成自然分工，同時又互相依賴、共同發展，形成一個禍福與共的事業共同體。更進一步言，企業並非一獨立的個體，彼此間實存在著綿密複雜的相互依賴關係，因此，任何一個企業均無法獨立思考策略課題，而必須同時考量組織間的關係。隨著技術專業化程度的提高與全球化市場的快速成長，個別企業在未來將更難單獨生存，互賴關係必將更形重要。我們可以肯定的說，事業網路必將成為下一個階段重要的企業策略課題，而「互賴」則成為核心的思考理念。當組織間相互依賴的事實得到認可後，「合作策略」取代「競爭策略」便是一個非常自然的趨勢，而「網路管理」或「互賴管理」則成為另一項非常重要的策略管理課題。

　　為了便於以後的討論，筆者首先將四個名詞加以簡單的定義：「網路」是指兩個或兩個以上組織的聯結、交換關係；「事業網路」則是企業基於個別企業的策略考量與其他組織所建構的網路關係；「事業網路體系」則是一群企業基於專業分工、資源互補的理念，所形成的長期共存共榮的某一特定的事業共同體；而「產業合作網路」則泛指產業中交錯複雜的合作關係。

產業合作網路

　　網路理論這兩年才受到西方學者的重視，例如「模擬企業」、「N型網路組織」都是最近幾年來才開始流行的，但吾人若仔細觀察台灣企業的發展歷程，這種企業間基於互賴關係所出現的合作網路現象，其實是非常普遍的現象。台灣的企業大抵可分成兩類，一為少數大型的企業集團，一為眾多的中小企業。觀察這兩類企業，前者基於血緣、友誼與利益關係，形成旗幟鮮明的合作網路，固毋庸贅言；而後者更基於專業分工、彈性互補的理念，彼此間形成一層層緊密的合作網路關係。台灣的中小企業能夠在世界經濟舞台上佔有一席之地，中小企業間所形成的產業合作網路是重要關鍵。這種合作網路，一方面能讓中小企業在世界競爭中維持快速彈性的靈活風格，配合市場的變化、運用本身的核心資源，適當的模仿創新；另一方面還能透過網路體系，迅速、有效率，甚至優惠地取得價格合理的零配件。從這些觀察中我們可以說，「事業網路」在過去雖未成為台灣企業從事策略規劃時形諸於書面的策略課題，但確實是台灣企業決策者從事策略思考時，潛沉於內心深處的直覺本能。

類　型

　　從學理的觀點，剖析台灣企業實務中常見的產業合作網路，大致可

以歸納成以下幾種類型：

■人際核心型

　　事業網路體系中，各個事業主持人基於血緣、鄉親、朋友的關係，自然形成一個網路體系，體系中的各個事業，在資金借貸或投資方面經常相互支援，國內傳統常見的集團便屬於這一種類型。

■產品核心型

　　某些產品的生產過程中，需要非常多的零配件組裝而成。以汽車為例，生產一部汽車約需八千到一萬個零配件，任何一個企業均不可能單獨生產全部的零配件，自然便形成一個網路體系，進行專業分工。過去多年來，政府大力推動的「中衛體系」，主要便是這種類型。

■顧客核心型

　　顧客有時在某一特定的時間、地點，同時需要許多不同的產品或服務，為了滿足顧客的需要，企業間自然形成一個合作網路。例如，一般人在結婚時，將同時需要訂禮餅、買飾物、租禮服、印請帖、攝影、宴客、蜜月旅行等各種不同的產品或服務，為了滿足顧客的需要，提供這些產品或服務的廠商間，自然便會出現一個合作網路，共同為爭取顧客而努力。

■地域核心型

　　某些企業因在同一個地方設廠或開店，彼此間基於某些共同利益，

自然形成網路關係。例如，傳統的加工出口區或科學園區中的各家廠商，為了爭取較佳的生產環境與基礎條件，往往會形成一個合作組織來爭取共同的利益。在市區中，鄰近的商店為了爭取客源，亦常形成合作網路。例如，書店與速食店相互合作，互贈對方的折扣券以爭取客源等，均是典型的以地域為核心發展出來的事業網路體系。

■ 活動核心型

活動核心型是指，企業價值鏈中的某一個價值活動，和同業相同的價值活動形成聯合或聯結的關係。已被公平交易法明文規範的托拉斯（trust），便是同業間在市場價格、生產數量或銷售區域間形成集體行為，是最古老的產業合作網路。目前流行的策略聯盟，則是以採購、研發、行銷、通路、資訊等各個價值活動為核心，所發展出來的企業間網路關係。

■ 網路核心型

當產業合作網路發展到某一個程度後，為了更有效實現網路的經濟利益，網路本身往往形成另一個獨立營運的事業。傳統常見的貿易公司，便是上游生產廠商與下游顧客間繁密網路關係中的中介點；近年來出現的物流公司，負責商品的實體分配，亦屬同樣的類型。除此之外，為了讓顧客滿意度提高，伴隨旅遊活動及國際會議活動出現的旅行社或國際會議公司，亦完全是因為能夠促使網路關係更有效運作，所出現的新興行業。這些企業沒有固定的產品、沒有固定的顧客，也沒有固定的生產方式與供應商，它所依賴的完全是辛苦建構起來的綿密網路關係，

彈性而又有效率的組合出各種不同的商品，來滿足顧客各種不同的需要。我們可以預期，當網路利益日漸受到重視後，這種「靠網路吃飯」的行業必將愈來愈多。

成　因

以上簡單介紹了常見的產業合作網路。大家都知道，企業是一個追求利潤的經濟體，因此，事業網路體系的形成必有經濟效益，以下便就此課題加以探討。大致說來，事業網路體系的效益包括，降低成本、分散風險、有效取得關鍵資源，與提高競爭地位等四方面。

■降低成本

企業間形成網路關係後，往往能降低整個體系的生產成本，這項成本的降低主要基於以下幾個原因：

1. 規模經濟利益與學習效果的發揮：事業網路體系形成後，透過專業分工，可以使每一個企業的固定投資不重複，更容易發揮規模經濟的效益。同時，每一個廠商專攻本身擅長的活動，可有效發揮學習曲線效果，降低生產成本。

2. 範疇經濟利益的擴大：不同生產階段或產業的成員間，若存在共同的核心技術，經由已形成的網路體系，可以促成該項投資的共享，擴大資源的應用範圍，實現範疇經濟效益。

3. 交易成本的降低：事業網路體系形成後，透過彼此間的互動與關係的聯結，增進彼此的了解與信任，可以簡化交易活動、降低交易過程

中的各種成本。

4. 網路經濟利益的實現：網路經濟利益是指，綿密的網路建構所帶來的經濟利益，這項利益的存在近年已被學者承認，而逐漸與「規模經濟利益」、「範疇經濟利益」齊名。網路利益的大小和網路關係的建構成指數關係。

要了解網路利益，可以想像一下目前台北市正在興建的捷運系統：當一條捷運通車時，只能解決甲乙兩地間的交通；當兩條捷運通車時，便能解決甲、乙、丙、丁四地之間的交通需求，效益是原來的六倍；如果三條路線都開始營運時，更可以形成十五條不同的運輸路線，網路經濟利益由此明顯可見。換言之，當網路體系形成後，任何一個加入網路體系的成員，只須付出少許的成本（主要是和這個網路連線所需的成本），便可得到全部的網路經濟利益，對每一個成員都有很大的貢獻。由於網路能帶來很高的經濟利益，當其具體實現後，網路本身便可成為一種值得經營的事業。

■分散風險

事業網路體系形成後，一方面可以透過彼此間網路關係的聯結，實現上述大型企業中才能得到的各項經濟利益，同時，還能夠透過彼此合作的力量，共同面對不可測的市場與技術變化。更重要的是，由於彼此間仍是獨立營運的企業個體，所以具有相當大的彈性。當環境的壓力過大時，各個企業可以配合本身的條件，迅速的調整營運範疇、重組資源。凡此種種，均可使企業的營運風險大幅降低。

另一方面，體系中的成員基於長期合作的信念，在品質、交期各方

面彼此均能良好配合，對下游成員而言，亦減低了在作業過程中可能產生原料供應不確定的風險。

■ 有效取得關鍵資源

事業網路體系形成後，由於彼此間長期往來所建立的了解與信任，較容易取得關鍵資源。例如，某一項電子零件產生世界性缺貨時，零件生產廠商常會優先供應給經常往來的廠商；又當公司在策略上有較大改變——如發展新產品或到其他地區銷售、生產時——亦較容易從體系中持續取得必要的資源。凡此種種，均是事業網路體系形成後所帶來的具體效益。

另一方面，有許多管理或技術上的專業知識無法具形化、不易有效轉移，光靠錢是買不到的。事業網路體系形成後，由於經常的互動與了解，往往有助於這些專業知識的學習與分享，是企業間互相取得關鍵資源的最佳方式。

■ 提高競爭地位

企業透過網路聯結形成集體力量，合作開發新產品、進行產品的改良，或提供顧客的整體服務，均有助於企業在市場競爭地位的提升。近年來，世界重要汽車體系結成聯盟，相互對抗；航空公司與數家長期往來，且信譽良好的旅行社形成聯盟，共同推出新的旅遊商品，與其他體系競爭，均是明顯的例證。

另一方面，當事業網路體系形成後，內部成員關係的緊密度提高，相互配合的意願增加，一旦新的市場機會出現，透過內部快速協調的優

勢，更能掌握市場先機。同時，事業網路體系中，居下游者通常對市場需求變化的敏感性較高，透過內部網路關係，亦可以快速的傳播此項訊息，有助於整個體系對環境的回應速度，確保良好的競爭優勢。

綜合以上的討論，各種事業網路體系的類型與成因，可以歸納如**表7‧1**所示。

策略九說

表7‧1　產業合作網路的類型與成因

網路體系類型	成　　因	範　　例
人際核心型	‧降低（資金）交易成本 ‧提高競爭地位	‧集團企業
產品核心型	‧規模經濟利益 ‧降低交易成本 ‧提高競爭地位 ‧分散風險	‧中衛體系
顧客核心型	‧範疇經濟利益 ‧提高競爭地位	‧婚姻產業合作網路
地域核心型	‧取得關鍵資源 ‧範疇經濟利益	‧科學園區 ‧異業合作
活動核心型	‧規模經濟利益 ‧分散風險 ‧提高競爭地位	‧研發策略聯盟
網路核心型	‧取得關鍵資源 ‧網路經濟利益	‧物流公司／貿易公司 ‧旅行社 ‧國際會議公司

事業網路策略

組織間既然存在著明顯的互賴關係，因此，其策略邏輯自應以建構一個綿密的網路體系，以因應環境的壓力與挑戰爲首要任務。同時，在事業網路體系中，尋找一個適當位置，以分配較多的利益爲次要目標。

換言之，「對外，透過合作網路關係形成集體力量，提高對環境的控制程度；對內，提高其他成員對本身的依賴程度，以分配較多的利益」，是以互賴爲核心發展出來的兩個基本策略邏輯。前者衍生出來的策略課題，包括體系中事業夥伴的選擇、網路關係的建構與定位、網路體系的發展與茁壯，以及網路關係的維持；後者則以網路位置的選擇爲主要課題。以下分別討論這幾個課題。

事業夥伴的選擇

根據前面的討論，事業網路體系形成的原因不一，有的是在外在環境的催化下自然形成的，如人際核心型或地域核心型。有的則是企業主動塑造而成的，如產品核心型或顧客核心型。自然形成的網路體系，沒有夥伴選擇的問題；而主動塑造的網路體系，在體系形成的過程中，則應愼選事業夥伴。

在選擇事業夥伴時，有幾個標準是值得參考的：

■提供重要資源的能力

事業網路體系希望發揮專業分工、資源互補的功能，因此，每一個成員均須在某一關鍵資源或業務方面具有專業能力，如此才易形成專業互補的良性關係。

■組織特性、經營理念與策略取向和本企業相近

事業網路體系常透過非正式的方式，維持長期的合作關係，如果成員間彼此的組織特性，如規模、技術能力、經營理念或企業文化等相距過遠時，必然很難進行對話，無法維繫長期的合作關係。同樣的，成員間的策略取向如果較接近，對網路體系的運作自然有較大的助益。因此，成員間的屬性相近，應是選擇事業夥伴的重要考量標準。

■與本企業間存在非正式的人際關係

事業網路體系如果要能夠在沒有正式權威體制的控制下緊密、彈性的配合，除了基於各成員間互補、互惠的自利動機外，成員間存在的非正式人際關係，往往是維繫合作的重要力量。台灣中小企業能夠集結成老虎般強壯的體質在世界舞台上爭戰，主要憑藉的，其實就是中國人喜歡攀關係、講交情所形成的信任與道義。因此，在選擇事業夥伴時，非正式的人際關係是一個必須考慮的標準，而中小企業老闆間這股草莽型的肝膽相照，正是企業遇到機會時彈性掌握、遇到困難時共同克服的最佳保證。

網路關係的建構

回顧國內外產業的發展歷程，吾人了解合作網路不可能在真空中產生，必須要有適當的孕育環境，才能形成較穩固的事業網路體系。因此，必須依賴一位「月下老人」耐心的加以推動才成。筆者將這位「月下老人」稱為「產業經理人」。

產業經理人在建構網路關係的時候，有三項工作是很重要的：

首先，成員間應共同尋找一個對大家都有利的合作情境。成員間如果發現彼此的關係不必然是零和競局，相反的，在某些情況下，將會出現讓大家都有好處的非零和情境，對彼此間進行合作的意願，將是一項很大的助力。

其次，網路成員對於網路體系發展目標與本身條件，均應有正確的認知與共識。當每一位成員對體系的目標與本身條件都有正確的認知後，較不會提出不合理的要求，同時願意誠心的投入，有助於網路體系的形成。

第三，加強成員間相互的信任感。所謂信任，是指交易的一方「甲」確信，當交易無法順利進行時，即使甲所需的資源均被交易的另一方「乙」所掌握，乙所有的反應都仍是甲所樂見的。吾人可以體會到，當這份信任感出現後，網路體系才有可能成形。

信任氣氛需要經長期的努力互動，才能逐漸形成，很難在短期內畢竟全功。在策略上，任何一個嘗試建立相互信任感的成員都應謹記：讓對方相信，「如果自己不信守約定，本身將是最大受害者」，是爭取信

任的最佳方式。

網路關係的定位

當事業網路體系形成後，成員間存在著某種關係。在實務中，這項網路關係依其正式化程度和合作緊密程度，可以區分成許多不同的類型。若以大家熟悉的中衛體系爲例，中心廠與協力廠間的關係，由疏離至緊密，由非正式至正式，大致可區分成以下這幾個層次：

1) 企業主持人之間存在著定期或不定期的聯誼活動。
2) 共同向政府相關部門登錄爲中衛體系。
3) 成立正式之聯誼會，定期辦理人才培訓與經驗交流活動。
4) 訂定長期買賣合約，簡化交易作業程序。
5) 實施購料免檢制度，縮短存貨停留時間。
6) 進行技術、管理交流輔導，提升彼此之經營能力。
7) 建構資訊系統網路，縮短聯繫時間。
8) 共用資產設備，減少資本之重複投資。
9) 共同研發，發展新產品。
10) 聯合投資發展新事業。

在其他類型的事業網路體系中，成員間的關係形式還不止以上這些，如何選擇一個適當的網路關係，便成爲一項重要的策略課題。到目前爲止，除了交易成本理論（請參見〈統治說〉）外，外在環境是另一

個重要的考慮因素，因爲篇幅所限，不再深入討論。但中國有一句俗話說：「貧賤夫妻百事哀」，確實深刻的描繪了外在環境對家庭組織的影響。讀者稍加類比，應可有更多的發現。無論如何，企業決策者值得謹記的一個原則是：關係在恰當，不在緊密；能夠長期維持，便有較高的價值。

網路體系的發展

當事業網路體系形成後，如何促進網路體系的成長與茁壯，應是網路成員共同的目標。由於外在的環境不斷在改變，因此，各個事業網路體系均應以動態的思考邏輯，經常檢討整個體系目前的狀況，並思考因應之道。

事業網路體系的發展，如同兵團作戰，通常會有一個成員成爲網路的領導者，帶領所有的成員共同奮進。根據Moore〔1993〕的分析，事業網路體系的發展亦有其生命週期，領導者在各個階段的策略任務亦有明顯的不同，以下簡單加以描述之。

■誕生期

此一時期重要之任務在於，確認顧客的需要，評估新產品或服務對顧客的價值，並確定以何種形式出現最佳。根據這項分析，選取適當的事業夥伴、建立網路關係。此一階段除了確認顧客的價值外，尚須加速產品的改良速度，以爲下一階段奠基。

■擴展期

在產業成長期時，同一網路之成員需要聚集整體的力量，對外擴張勢力範圍、搶奪市場，激烈爭戰的結果，可能出現雙贏的局面。而擴展成功的要件則是：(1)發展出一個可以爲廣大顧客群意識到有價值的事業觀念；(2)依據市場的變動，隨時修正原有的觀念。亦即，以顧客的價值爲核心，發展出動態的策略觀，並與顧客維持良好的關係。在這一時期中，另一項重要的工作則是，在不會造成供不應求的前提下，盡力擴大市場需求。

■領導期

此時的市場規模已大致底定，各個網路體系間，開始出現爭奪領導地位的戰爭。網路領導者若欲繼續維持其領導地位，則須具備下列兩個條件：(1)讓網路體系持續成長與獲利，使所有成員願意繼續共同奮鬥；(2)網路體系整體的附加價值結構，與成員間的關係能夠維持一定程度的穩定狀態。爲了達成這兩個條件，網路領導者應有效控制關鍵技術，以掌握談判的力量，藉以維持網路內部關係的穩定，而達到共同對外的目的。

對網路領導者而言，另一項重要的工作是，建立不斷創新的能力。一般而言，因轉換網路體系的成本與風險很高，除非核心廠商完全無法提供共同成長的機會，網路內的跟隨者不會輕易更換合作夥伴。另一方面，與顧客維繫長期而良好關係，亦是維持網路穩定的關鍵，值得體系成員共同努力。

■自我蛻變期

當外在環境產生重大變化，使新的網路體系有生存的空間時，即到了自我蛻變期。對現存的事業網路體系而言，應付落伍的威脅是首要的任務及挑戰，所以，能否有新的創新與突破，將決定整個網路體系是否可繼續存活於產業中。為了維持體系的生存，必要時，則應考慮重整網路關係，建立一個新的網路體系，以因應環境的挑戰。

網路體系的維持

事業網路體系的存在有利於全體成員，但要長期維繫事業網路體系的有效運作，仍須依賴成員共同努力。筆者認為，要能長期維持事業網路體系的功能，以下幾項工作是重要的：

■合理分配網路利益

網路利益的歸屬不明，往往是網路成員彼此間產生爭執、導致合作破裂的主因，若能將合作網路產生利益的所有權事先加以歸屬，排除無貢獻者於分配之列，則可減少事後的紛爭，有助於事業網路體系的維持。

在分配網路利益時，除了考量各個成員的實際貢獻外，成員的決策能力、風險承擔能力與準租創造能力，亦應是利益分配時重要的參考標準。

■設計適當的管理機制

網路體系要能有效維繫，設計適當的管理機制，維持合作秩序、合理分配網路利益，是另一項重要的工作。這項管理機制應包括，整個網路體系形成前、運作中及完成後的利益分配制度，是另一項極具挑戰的策略管理課題。簡單來說，有兩個因素是設計該管理機制時應特別考量的。

首先是成員對體系的承諾程度。當成員的承諾度很高時，爲避免日後合作失敗造成彼此的重大損失，常需要一個較正式而嚴謹的管理機制。其次，網路情境的複雜程度亦應加以審慎考慮。當網路情境的複雜度很高時，由於無法以簡單的契約關係來規範彼此的行爲，便需要一個較正式而嚴謹的管理機制。

■建立長期的互信與共識

事業網路體系基本上是一個無正式關係的企業集合體，因此，體系的維持除了依賴正式的管理制度外，仍應依賴網路中成員間長期互信的道義，亦即形成「派閥式」（clan）的控制機能。

要發揮派閥控制機能，首先，應有一清晰而明確的目標，讓網路成員有命運與共的認同感。其次，則應透過儀式、文化與傳統等各種組織語言，形成「內部標準化」、「外部差異化」的最佳狀態。由於這種控制機制孕育著生命與感情，因此，較常能夠確保體系長期的存在。

另一方面，在體系中還應設計一個「社會記憶機制」，這個機制能夠記得每一位成員的努力與貢獻，讓成員們相信，某些努力與貢獻短期

或許沒有回報，但長期而言，組織一定會還給他一個公道。如果有這樣的機制，則成員間不必斤斤計較於短期的利益，長期互信的關係自然容易維持。

網路位置的選擇

企業間形成事業網路體系後，會帶來許多利益，從客觀的角度思考，吾人希望這些利益能夠公平地加以分配，可能的做法在上面已簡單地討論過了。但從個別企業自利動機的立場，總希望能夠在體系中分配到較多的好處。個別企業要分配到較多的網路體系利益，從靜態的觀點，應選擇較佳的網路位置，從動態觀點則應運用各種方式，改變本身在事業網路體系中的相對談判力，具體的做法以下分別加以說明之。

首先，定義網路位置。網路位置係指，個別企業在網路體系中的相對地位，一般而言，較佳的網路位置通常具有以下幾點特徵：

1）擁有網路體系中所必要且稀少的有形或無形資產，並擁有分配權力。
2）位於網路體系中成員聯結的核心結點。
3）對於網路體系運作的遊戲規則擁有主控權。
4）對於網路體系中的資訊與環境擁有修正與控制的能力。

從個別自利的觀點看，企業在網路體系中，應以尋得較佳的網路位置為首要工作。如果最初的位置不甚理想，亦應考慮採用適當的網路策

略，改變目前的位置，以提升本身的相對談判力。個別企業可以採用的網路策略，以Banson〔1975〕的論點較值得參考，有以下幾項：

1. 合作策略：即運用合資、合併、吸納對方、人才交流等手段，與所攸關利益組織協商妥協，以改善本身的組織地位。

2. 毀滅策略：有目的的採取行動，抑制其他組織獲取生存所需的資源，如侵入他人事業領域、挪用他人可用資源等等。這種策略只適用於，該組織在網路中擁有極大的權力。

3. 操弄策略：藉由改變環境的限制條件，改變既存的資源流動方式。此策略適用於，當網路為一分權形式，而網路成員擁有部分自治權力時。

4. 威權策略：本策略嘗試將網路結構完全改變，如引入新的網路成員，或將網路關係正式化，以取得關鍵地位。此種方法適用於，發起者具有絕對的權力，且網路中沒有地位相近的其他組織存在。

5. 序位策略：隨時間遷移，逐步改變與其他組織的關係，為一漸進式的策略。

6. 混合策略：配合環境的特性，混合採用上述策略。

結　語

一九八〇年代以後，由於波特教授的提倡，「競爭」一度是策略思考的主軸。但是近幾年來，企業在面臨多變而詭譎的環境時，常感受到競爭條件再好，亦無法獨力面對挑戰，因此，組織間相互依賴的事實，

重新爲企業經營者所認識，而互賴合作則逐漸成爲策略思考的本質。

以互賴爲核心的策略邏輯，前面已約略介紹過了，但有幾件事是值得再一次強調的：

一、合作是基於自願所形成的長期互賴關係，因此，雙方必須在自利、互惠的基礎上，進行某種程度的配合，才能發揮網路效益。若有一方是出於被迫，或只尋求短期的利益，則這項關係便很難持久。

二、化依賴爲互賴。一般而言，當某一個企業對另一個企業存有明顯的依賴關係時，代表其相對談判力較弱。面對這種情況時，傳統的策略邏輯是以「減少依賴、增加自主性」做爲主要的因應方式。但在「互賴」邏輯中，這種做法並非最佳方案，因爲，完全的自主或不依賴，在實務中是不可能存在的。因此，集中資源在本身擅長的領域，提升本身的效率與能力，形成彼此間平衡的互賴關係，才是更值得思考的方向。

三、事業網路體系中的成員，應以整體利益爲先，個體利益次之。企業存有強烈的經濟動機，追求個體利益，原是理所當然的事，筆者在本文中，亦約略提及一些個別企業爭取網路利益分配的策略。但是，事業網路體系中的成員均應有一共同認知：事業網路體系是一個長期互利共生的集合體，因此，個別企業的貪婪之心仍宜適度節制，發揚互賴互惠、共存共榮之信念，才能夠爲大家帶來更大的利益。

四、事業網路體系的建構與維持，是一連串複雜的管理課題，因此，若要能夠長久存在，必須要有高超的「組織間管理」能力，同時，設計一個「產業經理」機制，有效處理組織間的關係，是絕對必要的。這項能力與機制，在傳統的管理理論中不常被提及，需要更多人共同來耕耘，才能幫助大家對這個課題有更多的了解。

風險說

對抗風險雖不能致富，
卻能延續生存，保有再發展的希望！

傳統的策略管理理論，以追求企業的利潤與成長爲基本思考指標。事實上，經營企業首要之務，在於維持企業的永續生存，短期利潤的追求應只是次要目標。當一個企業面臨長期生存與短期利潤的衝突時，應以長期的生存爲主要考量，必要時，更應犧牲短期利益，以維繫企業長期生存所發展出來的策略。

生存既爲企業的首要任務，因此，一個策略規劃者就不能不去思考企業生存所面臨的最大威脅——風險。著名的管理大師彼得·杜拉克曾說：「經營一個企業，若想要完全避免風險是不可能的。企業經營的最大目的，是設法有效的支配現有資源，以期能獲得最大的收益，而風險正是這個過程中不可避免的事物。」因此，對一個企業的經營者而言，適當的處理環境的風險，並設法尋找一個較爲安定的經營環境，使之能有效率的經營，乃是一個重要的課題。易言之，從風險的觀點思考，企業決策者的第一要務是，讓企業「如何活得久」，而不是「如何活得好」。《策略九說》中的〈風險說〉與〈生態說〉，便是針對企業長期生存所發展出來的策略邏輯。

定義與類型

在財務管理領域中，「風險」和「不確定性」這兩個名詞的意涵不同。其中，「風險」是指，未來可能發生的各種情境呈現一種機率分配，亦即未來可能有許多不同的情境發生，但各種情境的機率是已知的；「不確定性」則表示，對未來可能發生的情境類型無法預知，也不

知道各個情境可能發生的機率。但是，在策略管理的文獻中，大多數的學者都將風險與不確定性視爲相似的概念。本書爲了行文便利，亦未特別將這兩個名詞加以區分，並且將風險定義爲，「發生不利事件而遭受損失的可能性」。

對於企業而言，可能發生不利事件而遭受損失的來源，主要可分成下列三大類。

一般環境風險

對企業而言，從一般環境而來的風險包括以下五類：

1. 因戰爭、革命、政權更替，或其他政治動亂所產生的政治風險。

2. 因財政、貨幣政策改變、價格管制、貿易限制、外匯管制等所帶來的法令風險。

3. 因通貨膨脹、外匯匯率改變、利率改變、貿易條件改變等所產生的經濟風險。

4. 因社會上一般關心事務改變、社會族群對立不安、社會價值觀改變所產生的社會風險。

5. 因降雨量改變、颱風、地震、其他天然災害等所產生的天然風險。

任務環境風險

所謂任務環境，是指和企業產銷活動產生直接關聯的外部環境。在

這個環境中，企業會面臨到的風險包括：

 1. 因找不到供應來源、供應無法及時到達、原材料品質不確定、供給價格改變等所產生的供給風險。

 2. 因顧客需求量改變、顧客偏好改變所產生的需求風險。

 3. 因現有競爭強度改變、新競爭者進入市場、替代品出現所產生的競爭風險。

 4. 因產品技術創新、製程技術創新、技術典範轉移所產生的技術風險。

公司特有風險

 企業所遭遇的風險，除了來自外在環境外，本身的決策與營運方式亦會帶來相當的風險，這包括因營運範疇選擇不當所造成的風險，因勞工罷工、生產作業不順暢、生產機器故障所產生的風險，因產品不安全、產品污染所帶來的風險，還有因企業的應收帳款無法收現所帶來的風險等等。

 綜合言之，風險有些是來自於大環境的變化，有些起因於技術的更新，有些則肇始於替代品的興起，還有些則來自於本身的營運作業。這種風險的產生，部分和產業的經營典範及企業所選擇的策略本身有關，還有一些部分則是由於天災地變，人為所不能抗拒的因素所造成的，但這些變化均可能對企業的生存產生致命的影響。例如，正常營運的企業，一旦面臨顧客的倒帳，即可能產生倒閉的危機；以齒輪軸承技術為

基礎而執鐘錶業牛耳的瑞士錶，在電子技術快速發展後，由於經營典範的轉移，幾乎完全沒有生存的空間。這些例子都是說明，有效管理環境風險，對企業經營是多麼的重要。

來源與本質

前面的討論中，簡單介紹了風險的來源，吾人若進一步將風險加以分析，會發現外在環境的變遷只是一個客觀的事實，而組織的策略作為、運作方式與環境條件不能互相配合（fitness），才是發生風險的基本關鍵。換言之，如果組織與環境能夠保持適當的配合，任何時候，環境發生改變，組織亦能在瞬間跟著調整，則組織的營運便沒有任何風險。因此，若要發展出恰當的風險對抗策略，應更深入了解風險的本質，釐清環境變遷與經營風險的關聯。

探究風險的本質，應由組織因應環境改變的調適能力出發，而影響調適力的重要變數，則是組織的「核心技術」（core technology）。「核心技術」的觀念是由學者湯普生（James D. Thompson）〔1967〕提出的，他認為組織為了達成其經濟目的，必須運用適當的技術，將投入的資源轉換成產品，所謂核心技術，即是完成此項資源轉換任務所依賴的技術。例如，電子工廠裡的生產裝配線、打字行裡的打字小姐、速食店裡的自動烹調設備，均是該企業的核心技術，這些核心技術必須在穩定的環境下運作，才能發揮最大的效率。更進一步言之，組織無論採用大量生產或連續生產的技術，由於在生產設備的調整過程中，均需要整備時

間（setup time）與整備成本（setup cost），因此，必須讓整個生產流程以穩定的速率運作，才能發揮經濟上的效率。如果環境是波動的，組織無法順利取得所需的投入資源，或是無法順利地向環境釋放產出，對核心技術的穩定運作都必然會產生威脅。

更進一步言，假若技術形態的調整與運作速率的改變是即時的，當環境發生變化時，核心技術能立即對環境做出適當的調整，滿足環境的需求，則組織的營運是沒有任何風險的。但是，技術形態的調整需要時間（尚有專屬資產難以轉移用途的困擾），運作速率的調整也需要時間，由投入原料到生產出成品更需要時間，此種特性造成組織從下達命令調整核心技術，到調整完畢有嚴重的時間落差，因此，環境的變化對企業必然產生很大的影響。總而言之，分析企業的經營風險時，不能忽略資產僵固性所扮演的重要角色。

湯普生的論點指出，環境的不確定性，不但會對核心技術的穩定運作產生影響，而且也會對企業的核心資源造成侵蝕。例如，顧客的倒帳會造成財務資源的損失；競爭者的惡性仿冒或盜用專利，會造成品牌形象的損毀與專利獨佔權的侵害。

換句話說，風險對於企業的傷害可分成兩類：(1)對核心技術的穩定運作產生不利影響；(2)造成核心資源的流失。

如上所述，核心技術必須在一個穩定的環境中（最好是封閉系統）運作，才能發揮效率，核心資源也必須加以妥善的保存，才能確保長期的生存。但是，組織是一個開放的系統，必須由環境取得所需的投入，並向環境釋放出產出，因此，各種的環境因素與利益關係人的不確定性，均會對核心技術的穩定運作產生影響，或造成核心資源的流失。這

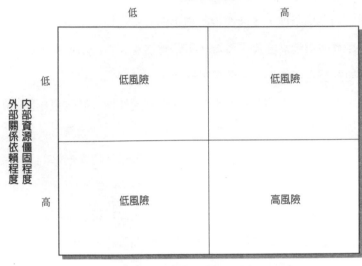

環境不確定性

低　　　　　　　　　　高

低　　　低風險　　　　　　低風險

內部資源僵固程度
外部關係依賴程度

高　　　低風險　　　　　　高風險

圖8·1　環境、資源特性與經營風險之關聯

些不確定性的來源，筆者將其稱為「風險源」。

　　綜合以上的分析，風險是否會發生，必須考慮下列兩個因子：(1)驅動因子（driver），指外在環境的不確定性；(2)乘數因子（multipler），指組織內部資產的僵固性或對某特定對象的依賴性。所謂驅動因子，是指此項因子必須存在，風險才可能被驅動而發生，它是風險的主要根源，此根源即為環境的不確定性。當環境的不確定性愈高時，潛在的風險也就愈大。所謂的乘數因子，則是當驅動因子存在時，若乘數因子也存在，則風險發生的機率與可能遭受的損失也就愈大。例如，在電腦業中，DRAM、CPU等各方面不斷快速的進步，便是一種環境的不確定性，是該公司產生風險的驅動因子；而公司配合過去產品生產所做的各項固定投資，便是乘數因子。更進一步言，當環境呈靜止狀態時，沒有

任何的不確定性存在（驅動因子不存在），即使資源的僵固程度極高，或對某一特定對象的依賴極深，也沒有任何風險。當環境的不確定性升高時，若組織能在瞬間調整資產的使用狀況及與事業夥伴的關係，亦無任何的風險可言。但是，組織的資源若存有極高的僵固性，使組織無法因應環境的變動，則會面臨極大的風險。總而言之，驅動因子與乘數因子必須同時存在，才會形成風險，而驅動因子則是讓風險發生的源頭。上述的觀念，可用圖8‧1進一步說明之。

對抗策略

經過以上的討論，吾人對風險的本質有了較多的了解，因此，對於以「對抗」風險為核心的策略邏輯，亦可以做進一步的推衍。簡言之，風險對抗策略的短期目標在於，適當的處理環境的風險，盡量降低環境不確定性對營運的影響，以維持核心技術的穩定運作；長期目標則在於，選擇適當的核心技術、改變組織習性，以確保組織的核心資源，並能維持適當的彈性。以下，首先說明各種可行的環境管理策略，最後再討論組織資源策略，藉由組織習性的改變，以提升對環境變化的適應能力。

環境的不確定性是企業經營風險的基本來源，為了維持核心技術的穩定運作，有效管理環境風險是主要的策略課題。大致來說，對風險的處理不外乎降低風險、轉移風險、分散風險、隔離風險等四種方法，分別說明如後。

降低風險

　　降低風險是指，企業採行某些作為，設法降低客觀的風險水準，這
和一般管理學中所討論的「環境控制」（environmental control）策略相
近，具體的做法有以下兩大類。

　　第一，設法與可能會對企業營運造成風險的關鍵組織，建構有利的
聯結關係。實務中，建構組織間聯結的方式有以下幾種：

　　1. 購併：將產生環境不確定性的關鍵組織，納入本企業的掌握，是
最直接的做法。例如，當環境中的供應體系是不確定性的主要來源時，
可以購併供應商，以確保重要的原料來源；當通路的不確定性會影響到
對最終顧客的服務品質時，購併下游通路，則是保障對顧客服務的好方
法。

　　2. 合資、合作、策略聯盟：除了購併之外，企業尚可找尋對環境狀
況擁有較多知識或資訊的夥伴，進行合資、合作或策略聯盟，以減少環
境的風險。許多跨國企業在進入陌生的海外新市場時，常會找尋對當地
市場較熟悉的地主國夥伴進行合作，以增加對當地市場的了解與掌握。
例如，宏碁電腦公司與墨西哥的通路廠商合作，降低了宏碁在墨西哥的
環境風險，使得宏碁能夠順利進入墨西哥，取得個人電腦百分之三十的
市場。

　　3. 董事會聯結（interlocking directors）：為了確保外界對本公司的
穩定支持，企業可以將其他重要的外界組織代表納入董事會，以確保與
此類組織維持良好關係，並且可以運用這些成員對某一特定環境領域的

專業知識，提升本公司對環境了解的能力。例如，將銀行代表納入董事會，不但可確保資金的來源，亦可藉由代表對經濟領域的專業知識，增進本公司對經濟環境的了解。

4. 從外界聘用高階主管：從相關產業中晉用本公司所需的高階主管，可以得到這些產業的相關知識，並且可將原有的人際網路一併帶入公司，有助於本公司對環境不確定性的掌握能力。例如，國內新銀行成立之時，紛紛向舊銀行挖角，以吸取舊銀行高階經理人的經驗及人際網路，以降低銀行營運的風險。

5. 增加促銷與廣告：顧客的偏好改變，常是企業經營不確定性的主要來源，用廣告來建立顧客的品牌忠誠度、加強企業與顧客的聯結關係，對穩定顧客常有很明顯的正面功效。例如，自從開放洋菸、洋酒進口，台灣菸酒公賣局為增強顧客的品牌忠誠度，開始在媒體上進行廣告，便是希望穩定舊有的顧客。

6. 建構事業網路：和營運活動有直接關聯的外部組織形成緊密的事業網路體系，一方面透過彼此間的網路合作關係，可以實現多項經濟利益，一方面也可以透過彼此間的資訊交換與合作力量，共同面對不可預測的市場與技術變化，以降低環境風險。此外，在同一體系中的成員，由於長期的合作信念，上游成員通常會在品質、交期上做更好的配合，有助於下游成員降低供應的不確定性，同時，上游成員也能夠降低銷售的不確定性。

第二，設法操弄環境領域，使環境成為對企業有利的情境。企業常用來操弄環境領域的方式有四種：

1. 尋找較佳的環境領域：企業可以透過策略的選擇與改變所面對的

環境領域，尋找競爭較少、資源較豐富的新利基，以達到操弄環境的目的。這種方式通常涉及進入新市場或增加新的產品線，例如，著名的菸草商菲利浦摩里斯（Philip Morris's），發現公司主要產品線香菸的市場規模已逐漸在縮小時，它就很快的進入啤酒市場，使公司面對一個完全不同的環境領域。又如，台灣曾經是製糖王國，蔗糖曾是台灣的輸出大宗。但隨著糖的替代品增加，國際糖價低迷，台灣的製糖產業也陷入低潮。台糖公司若能積極擺脫本業，將原本的農地轉為其他用途，則亦能快速的降低經營風險。

2. 影響環境對企業的態度：企業可以透過遊說國會議員的方式影響立法，使外在環境趨向對本企業有利的方向。例如，萬客隆許多大賣場都設在工業區中，這與現行法令不合，而遭到地方政府當局斷電斷水的處分。經過運作遊說後，政府同意其所在的工業區用地得以改變為工商綜合區，但必須捐出部分土地做為公共用途，形成雙贏的局面。除此之外，企業亦可以找尋具有相同利益的同業，形成同業聯盟，再透過集體的力量，來影響政府的政策，這是一般企業最常用來操弄環境的技巧。例如，國內各種產業皆有同業工會，並有全國性的組織，如工商聯誼會、全國商業總會、全國工業總會等。他們透過集體的力量，來增加自身的影響力，甚可參與民意代表的選舉，而直接影響法律制定。

3. 改變環境的不確定程度：當企業面對的環境需求波動非常大時，常為企業帶來很大的困擾，這時，可以採用適當的策略來平滑需求，以降低尖峰與離峰間的需求波動。實務中，有關平滑需求的做法不勝枚舉，其中較典型的例子是，電力公司、電信局與航空業者運用尖離峰不同定價，使需求較為平滑。目前，國內電信局的長途電話費率可區分為

正常時段及減價時段，而減價時段的費率爲正常時段的百分之三十，吸引某些顧客轉移消費時段，其目的就是希望使各時段之需求較爲接近。

轉移風險

風險對抗的另一種做法是，轉移風險。轉移風險的特性是，環境的客觀風險水準不變，但轉移給其他的成員承擔。保險是轉移風險最常見的做法，企業透過保險將風險轉移給保險公司。另外，當企業面對不確定的未來，單靠自身的能力無法承擔此巨大的風險時，會設法尋找志趣相投的事業夥伴，共同承擔風險。在此狀況下，總客觀風險水準沒有改變，但個別組織承受的客觀風險水準，卻因部分風險轉移給其他合作成員而降低了。例如，國內的資訊業者在開發第一代的筆記型電腦時，個別企業爲了降低所承擔的風險，共有四十六家廠商形成一個技術開發聯盟，共同來分擔研發的風險。又如，企業公開發行股票時，不能確知市場對本企業股票的偏好，常將其銷售作業轉包證券公司；政府對農民的稻米保 證收購價格，即是農民將稻米價格變化風險轉移給政府。

分散風險

分散風險的觀念主要源自於馬克維茲（Markowitz）〔1952〕的投資組合理論，基本的想法是，一個企業若有多種面對不同環境類型的事業組合，便可以讓風險適度分散，因爲，有些事業的風險小，有些事業的風險大，平均起來，可以得到一個較適中的風險水準。

在實務中，業務範疇多元化包括很多層面，例如，產品多元化、供應來源多元化、地理涵蓋範疇多元化等，都可算是分散風險的具體應用。著名的寶鹼公司，由於有多條產品線、行銷多個國家，使得公司的主觀風險水準相對較低，因為，任何一條產品線若在某些地區遭受攻擊或失敗時，可以立刻推出另一條產品線，或轉進到其他國家地區銷售，是一個採用分散風險策略成功的典型例子。

隔離風險

處於不確定性環境下的組織，若不能將風險降低、轉移或分散時，則必須採取一些其他的策略，以保護組織的核心技術。如前所述，核心技術是企業內部的一套作業方式，它必須處在穩定而可預期的情境中，運作才能發揮效率，因此，企業另一個可行做法是，將核心技術與可能對組織內部運作造成干擾的環境因素加以隔離，以維持核心技術的穩定運作。以下是一些可以用來隔離風險，讓核心技術穩定運作的具體做法。

■ 建立緩衝機制

企業可以設置一套緩衝機制，以吸收環境的不確定性。緩衝機制可以是一套作業程序，亦可以是某些實際的活動，這項機制主要是用來減少外界的環境事件對於平順的生產流程造成干擾。

在資源投入面，企業可以藉著儲備原料存貨，使企業在原料供應不穩定的情況下，仍然能夠以一定的速率，將原料送至生產單位。例如，

餐館會購買大量的季節性食物，並且將之冷凍起來，以備不時之需；職棒隊則有儲備預備球員若干人，以便隨時替代受傷的球員。在產品或服務的產出方面，企業可以保有成品存貨應付需求的波動，以減少調整生產流程速率的需要。

此外，「組織寬裕」（organizational slack）亦是一種緩衝機制。所謂組織寬裕，是指組織將取得的所有資源，用來支付企業「利益關係人」（stake-holders）之後剩餘的資源。組織寬裕愈大，例如有多餘的資金或人力，就愈有能力去因應環境的變動；反之，當組織寬裕小時，在平時，各個部門就必須互相競爭資源，一旦遭逢環境的巨變，組織的負荷加重，將更顯得毫無招架之力。換言之，組織寬裕便是組織中有一些閒置的資產與人力，這些閒置的資源，在平時可能覺得是一種浪費，但是一到面臨環境的變化狀況時，卻是因應環境變化最佳的保障。

■預　測

當外在環境的波動不能用緩衝機制有效地加以處理時，企業就必須設法預測外在環境的改變，以便有較充裕的時間去調整核心技術的作業速率或形態。換言之，預測是一種以時間當做緩衝的機制。

企業如果能夠預測環境波動的形態，便較容易事先加以因應。例如，郵局經過多年的營運經驗，知道在平常上班日中，當祕書下班要離開辦公室時，以及每年的十一、十二月，都是郵件最多的時段，便可根據這項分析結果，適當地調整服務作業系統，以有效的因應。

■設計配額制度

企業面對的環境波動，有時候來得太突然，變化幅度又太大，使得緩衝、平滑、預測等機制，均不足以保護核心技術的運作。為因應此一衝擊，必須事先設計合理的配額制度，以避免核心技術體系因為無法承受過大的負荷而崩潰。例如，當某一地區發生天災時，醫院只好依某一病患人數比例，配給某一數額的醫療人員，或將病患分級，排定接受醫療的優先順序，避免因為過多的病患，而造成醫療體系的完全癱瘓。每年農曆過年前，火車站總是擠滿漏夜排隊買票的人，鐵路局為了公平性，並防止黃牛猖獗，每人限購四張車票，便是一種配額的設計。

■指派專人蒐集環境資訊

企業為提高對環境的預測能力，必須指派專人蒐集環境資訊，以增加組織進行調整時所需的緩衝時間。但是，這位專職人員不能離決策核心過於遙遠，否則，不是蒐集到的資訊和企業營運無關，便是資訊不能立刻回饋給決策核心，無法即時採行必要的因應策略。學理上為強調上述特性，常將這類專業人員稱為「邊界跨越者」（boundary spanner）。

更進一步言，邊界跨越者可以說是創造協調機制的一種過程，透過此過程，能夠增加組織和環境因素之間的交流與協調。這種過程之所以能夠降低環境的不確定性，最主要是因為，邊界跨越者能夠蒐集有助於核心技術規劃的關鍵資訊。例如，策略規劃人員、行銷研究人員蒐集並處理有關外部環境和市場變化的資訊，並直接回饋給決策核心，讓決策者能採行適當的策略，回應環境的不確定性。

■ 調整組織結構

　　企業所面對的環境因素是非常複雜的，它必須同時面對許多各種不同的環境領域。爲了能夠有效因應每一個不同的環境領域，企業必須成立許多不同的專業部門，分別來負責這些不同的課題。當企業無法運用其他策略，讓外界的環境風險降低、轉移或分散時，更必須適當地調整組織結構，指定專人處理可能突發的事件。這幾年來，社會意識高漲，企業常面臨勞工、社區、消費者等各個不同利益群體的抗議，爲了讓這些抗議有效化解，不致影響正常的運作，許多企業均增設公關部門來處理相關事宜，便是一個典型的例子。

改變組織習性

　　企業在尋求對抗風險時，除了直接由處理風險的角度來思考外，也可間接由改變組織習性的角度來思考，藉由提高策略彈性、累積雄厚資源的方式，來增加對抗環境風險的能力，這兩種方法說明如下。

■ 增加策略彈性

　　筆者在前面曾提及，當組織的彈性是無限大時，由於組織可以隨時調整，使其與環境做適當的配合，幾乎沒有任何風險可言（假設調整的方向正確）。因此，設法增加組織的策略彈性，是組織在不確定環境中欲求得長期生存的方法之一。由以上的討論可知，所謂的策略彈性，就是指組織因應詭譎多變、捉摸不定的環境能力。「颱風來時，大樹連根

拔起，小草卻能隨風起舞」，就是組織以彈性因應環境變動的最佳寫照。

策略彈性涉及到組織在市場中的重新定位、核心技術的改變、遊戲規則的重新釐定、策略承諾方向的調整等等。增加策略彈性主要的方法，就是減少對某一特定用途的資源承諾。例如，盡量減少垂直整合的程度；進入國外市場時，以技術授權的方式代替直接生產；供不應求時，以轉包方式支應；採用通用型的機器設備等等。企業在進行策略規劃時，應對組織的彈性程度進行稽核，以了解企業因應環境不確定性的能力。

■ 累積雄厚的資源

當企業擁有的資源愈雄厚時，企業承受風險的能力亦愈強。企業的資源包括，實體資產、資金、品牌／商譽、組織文化、管理能力、人際網路、事業網路和產業的經營知識……等等。當企業透過不斷的學習，累積雄厚的資源後，自然可以增強一般性的風險對抗能力。例如，當企業擁有非常豐富的產業知識時，由於對環境的認識較深，較能預知環境的變化，亦較能有效處理，因此，對抗環境變化的能力自然就較強。

企業在尋求適當的風險對抗策略時，擁有的資源類型與豐富程度，是一個重要的關鍵變數，資源不但影響風險對抗策略的選擇，本身也是風險對抗策略的一種。累積雄厚的資源，屬於一種通用型的策略，不論企業是否有能力處理環境的不確定性，或是否能改變先天的僵固性與依賴性，都可以運用此種策略。在實務中，「雄厚資源策略」可以分成下列三種狀況來探討：

1. 可以處理不確定性的雄厚資源：企業可以透過所擁有的網路關係，形成集體力量，以達操弄環境或對抗環境，改變壓力；也可藉著強大的組織學習能力，累積有關經營環境的知識；甚至可以藉由強大的研發能力，推出新的產品，使公司成為「風險的製造者」，而非「風險承擔者」。這些做法，均是藉由雄厚的資源，以處理環境的不確定性。

2. 可以增加彈性、降低依賴性的雄厚資源：當環境的不利事件逐漸顯現時，企業藉著所蓄積且有彈性的核心資源，讓企業有能力向其他範疇發展，同時，對環境改變的因應能夠具有彈性，而且有效。例如，企業可以藉由良好的品牌形象，推出不同種類的新產品；也可藉由雄厚的核心技術，快速發展出具競爭力的新產品；而廣泛的人際或企業網路，更是處理各種突發事件最佳的武器。

3. 財大氣粗的雄厚資源：當企業無法處理環境的不確定性，也無法改變資源的僵固性與依賴性時，財大氣粗似乎是唯一選擇。「因為我有很多錢，所以即使損失了一千萬也無關痛癢！」便是此型的風險對抗策略的寫照。

總而言之，雄厚的資源不但可以操弄環境，以降低環境的不確定性，同時，也可增加企業的彈性。「只要大樹長得夠壯、根紮得夠深夠穩，再大的風雨也不怕」，便是藉由累積雄厚資源來提高風險對抗能力的最佳詮釋！事實上，不論是以企業的規模或財力做為後盾，或採取自給自足的方式減少對外部環境的依賴，或是藉由外部人際公關網路的建立，抑或採取集體行動的方式對抗挑戰，都是屬於以累積雄厚資源的方式來對抗風險的做法，值得業者參考採用。

結　語

　　對於那些充滿旺盛戰鬥力、不斷提升效率、追求利潤的企業經理而言，採用以避免風險爲核心思考的策略邏輯，似乎顯得過於消極而被動。但是，企業終究不可能永遠存活在順境中，商海沉浮實在是多數企業不能避免的現實，企業在經營的順境中採行適當的策略，避免致命危機的發生，仍有其實質的必要性。坊間有一句很流行的話：「存在就是希望，生存才能發展」，很能貼切的表達風險說的哲學理念。

　　企業在採行以風險爲核心的策略邏輯時，除了參考以上各節的討論外，以下三點是值得特別強調的：

　　一、外在環境的變化雖然是一項客觀的事實，但是不代表每一個企業回應該項環境變化的策略作爲均相同。俗話說：「風險源於無知。」當企業對環境的知識愈多，對抗風險的能力愈強，主觀的風險水準愈低，則所採用的風險對抗策略自然與其他企業亦不同。

　　二、企業對風險的認知態度，也會影響到風險對抗策略的選擇。例如，美國企業認爲風險一定存在，而且無法預知風險的來源，所以常採用「轉依賴爲自主」的風險對抗策略，如盡量同時保有多家原料供應商、盡量簽短期合約以保持自主性與彈性，這種哲學較類似投資組合的概念。相反的，日本企業則一定要設法確認出風險的來源，並設法與風險的來源建構一個適當的聯結，採行「轉依賴爲互賴」的策略邏輯，因此，日本的供應與銷售體系之間的關係，往往是一對一的關係，但彼此

互相信賴，形成一個長期共存的事業網路體系。上述的例子顯示，美國企業和日本企業的風險對抗策略，在基本的哲學上就有極大的不同。

　　三、風險對抗策略原本是用來對抗風險，但是，對抗策略本身亦可能帶來另一種風險。例如，台商赴大陸投資時，常藉合資來降低對市場不熟悉的風險，但合資卻帶來夥伴欺騙與協調衝突的風險。因此，如何避免在對抗某一風險時產生另一種風險，實是一項重要的課題。

生態說

環境無常、生死有命，
經營事業但求盡心而已！

產業的生與死

　　長久以來，我們對於企業經營的思考，大抵以利潤與成長為前提，很少討論企業為什麼出生，更少考慮企業為什麼會死亡。在大多數的企業管理理論中，都深信企業組織可以完全自主的選擇策略、提高能力，以其最佳的競爭條件求得績效。

　　但是，在現實環境中，我們常發現許多生死無常的事例。

　　例如，十三世紀時，元朝大軍兩度渡海攻擊日本，卻慘遭大敗，即是「勝負非關強弱」的最好例證。當時，元朝大軍在收服歐亞大陸廣大無垠的版圖之後，憑藉著精良的武器（擁有當時全球最先進的砲弩）、壯大的軍容（兩次遠征，總共動員士兵約十六萬人）及完整的後勤與裝備（約大小船隻五千二百餘艘），兩次渡海侵攻日本，卻兩次因為颱風吹襲而全軍覆沒，少數登陸部隊也在博多灣遭到拘捕而梟首。這兩場戰役的勝負，很顯然地與元軍的表現無關，純然是上天眷顧日本人的結果。

　　法國迪士尼世界是另一個典型的例子。九〇年代初期，美國迪士尼公司挾其在日本投資迪士尼世界獲致輝煌成就之餘威，再度於歐洲大陸選定法國為投資迪士尼世界的對象，並且由美國母公司及日本子公司傾全力提供各項制度、財務、技術及人才上的支援，在各種條件齊備的情況下，大張旗鼓的在法國舉行了盛大的開幕儀式。在當時，所有的觀察家都看好歐洲迪士尼的前途，但是，時至今日，法國迪士尼卻因為吸引

不到足夠的消費者，致使多數資產設備閒置，同時，仍須負擔龐大的固定費用與利息費用，使得美國迪士尼公司不得不考慮，如何轉移這些使用率不高的設備用途，以避免面臨關閉園區的下場。這些例子顯示，企業體質的強壯與條件的齊備，並無法保證在市場上的成功。

在觀察「強者未必定是贏者」事實的同時，族群集體興衰的現象更值得大家留意。年齡三十歲以上的人們，在成長過程當中，一定會對沿街按著喇叭賣冰淇淋的小推車，留下頗爲深刻的印象，這該是大家對冰涼食品的唯一記憶（也許還有凍凍果的印象）。然而，曾幾何時，由於道路環境、居住品質、政府法令及社會價值觀的變遷，這種小推車、按喇叭的冰販，早已成爲歷史。當時的凍凍果並沒有因爲是業界中的強者而存活至今，而所有的冰淇淋小販，更無可避免地一同遭到淘汰的命運。

瑞士鐘錶業者也正面臨著相同的困境：早在一九六八年時，瑞士鐘錶產品已經獨佔世界手錶市場達六十年之久；而瑞士鐘錶的齒輪、軸承與發條等製品，在製程及產品品質上，也的確獨步全球。當時的瑞士鐘錶業界，在全球市場中擁有百分之六十五以上的銷售佔有率，以及百分之八十以上的利潤佔有率。但是，到了八〇年代，由於電子技術及半導體和積體電路技術的引用，使得鐘錶的概念發生了根本的改變。由於這種來自環境的劇烈變動，使得未及時配合潮流變動的瑞士鐘錶業，上述各項佔有率指標均下降到百分之十至二十之間。

過去十年中，台灣產業的變遷，更是活生生的例子。曾經佔台灣出口鼇頭的膠鞋、千斤頂、雨傘、籐椅等，曾幾何時，均已消失得無影無蹤，而成爲大陸及東南亞國家主要的出口產品。這些事實，再次印證了

產業族群集體興衰的現象，的確處處充滿在我們的生活世界之中。

　　由以上的例子可以發現，企業組織的生存法則，並非完全的理性與自主，它和自然生物一般，其實有很大的一部分是決定於機遇與環境的選擇。換句話說，企業的生態環境，同樣主宰著企業的發展與生死。

生態說的核心理念

　　探討企業組織，若以生態為核心的策略邏輯時，自然生態系統確實是一個值得借鏡的對象。更進一步言，人類的社會組織與自然生態系統一樣，也是由眾多因素構成，具有多層次結構及關聯錯綜複雜的動態系統。例如，在自然生態系統中，有構成生物群聚的植物、動物，眾多的群聚相互聯繫、彼此依存，共同創造出一個適於大多數生物生存的生態環境。而在人類的社會系統中，也有各式各樣形態、性質的組織，這些組織系統也是關聯密切、相互依存，共同形成一個能滿足彼此需求的社會網路系統。

　　又如在生態系統中，眾多的生物集團，在空間分布上顯示出層次結構的特性；在人類社會組織，尤其是商業組織所構成的集團，在不同的領域中，也存有層次和梯度結構的屬性，可見，人類組織體系與自然生態系統是何等地相似（見**表9・1**）。簡言之，它們都是具有多層次結構，且由眾多因素制約的複雜系統。在類比的過程中，管理學者更進一步發現，生物現象和人類社會組織有許多相通與獨特之處，這種由自然生態理論類比而得的策略邏輯，筆者將其稱為生態說。

表 9 · 1　生物／組織集團類比與定義

範　圍	定　　義	
	生物集團	組織集團
族　群 （population）	生活在同一棲所的同種生物	同一區域中，一群工藝、技術相似的組織所組成的集合體
群　聚 （community）	生活在同一棲所的不同族群	同一區域中，關係緊密的各種族群所組成的集合體
生態系 （ecosystem）	生物群聚與其自然環境	組織群聚與其自然環境

〔註〕：1. 同一族群的生物會有不同的形式（form）。
　　　　2. 同種生物可能在不同的棲所組成許多族群。
〔資料來源〕：程耀輝（民83）。

　　爲了避免混淆，在進一步討論其策略邏輯的實質內容前，自然生態現象幾個核心的理念有必要先行釐清。

存在就是目的

　　生存與生命的繁衍，是物種在生態環境中基本的行爲驅力。物種從環境中取得資源，純粹是爲了延續本身與族群的生命，並非意圖對其他物種有任何貢獻。在生態說的概念下，「生存」本身即是組織的目的。組織在社會中掙扎求生的情形，就像物種在生態環境中求取生存的情況一般，我們注意的焦點在於，組織如何從環境中取得資源，以持續本身的生存。至於組織存在，到底對社會有什麼功用、對消費者有何意義、對社會福利或資源分配有何改善，都不是生態觀點下關心的重點。

生死有命

　　物種在面對其生存環境時，是非常渺小與無助的。在生物演進史中，沒有任何一種物種曾經改變過生存的環境。因此，「生死有命，適者生存」，是生態學的基本理念。這種宿命觀，和傳統的策略決策者抱持「人定勝天」的哲學觀，和信服「自己的命運操在自己手中」的主流想法，有極大的不同。換言之，生態說基本思考的問題是，「組織如何由環境中取得生存所需的各種資源」，而非組織對環境有何貢獻或影響。同時，在「組織被環境支配」的被動性立場下，吾人應理解，組織生存是配合環境進化而非進步的結果，重點應在於「適合」而非「完美」。

長時間、寬視野

　　傳統的策略邏輯以個別組織為分析單位，不論是組織本身的條件能力，或未來的發展策略，均以單一組織為分析對象。然而，族群生態學是研究物種族群如何適應其環境的一門科學。從生態的觀點思考，當環境條件產生變化時，不能適應新環境而條件相似的組織族群，即使其中個體的行為各有差異，而呈現出不同強弱的生存能力。但就長期而言，整個族群被天擇淘汰，是一個不可避免的結果。例如，目前充斥在大街小巷中的便利商店，已逐漸取代了傳統雜貨店。在雜貨店族群中，即使有些單一店家採取不同的作為，以圖挽回頹勢，但是，只要雜貨店的組

織形態不能適應新生環境的各種社會及經濟條件，終究而言，所有的雜貨店都會因為無法獲得必要的資源（包括顧客的上門消費和供應商的供貨），而面臨淘汰的共同命運。換言之，生態說的策略邏輯是適用於整個族群，個體是無法對抗這個趨勢的。當然，它亦必須以較長的時間幅度來觀察，才能驗證邏輯的正確性。

生態觀點既然不以個別組織為分析對象，它的議題就常常圍繞在大結構上，去推論企業與其他各類相關利益組織或競爭組織之間的關係，或考量如何經由一些關係的安排，以及對法令政策、人力結構等環境因素所做的調適，以求取族群的生存，是一個典型的寬視野的巨觀思考。

組織惰性──變革的阻力

在了解了生態說的幾個核心概念之後，我們可以理解到組織生態學基本上認為，組織族群和自然環境中的有機體一樣，必須依賴環境中的資源維生。由於環境中的資源是有限的，所以，不同的組織族群，便在物競天擇的法則下，進行無情的競爭。傳統的管理理論認為，組織會隨環境的改變自我調適，但是，組織生態學卻認為，組織有「結構的惰性」（structural interia），不易快速回應環境的變遷，因而主張，環境是決定組織族群存續或死亡的主要因素。既然組織惰性是組織生態學發展的基本前提，所以必須先行討論。

根據Hannan & Freeman〔1977〕的看法，一個組織的結構惰性，主要來自內部限制（internal constraints）與外部壓力（external pressures）

兩大方面。而後，Aldrich〔1979〕更以決策者選擇能力上的限制，來補充「組織惰性」成因的完整性。以下分別說明之。

內部限制

組織在營運過程中所投入的各項投資，由於已轉換成特定資產而不易將之轉移他用，成為組織的「沉沒成本」，因而限制了改變的能力。另外，決策者受制於本身的有限理性及不充分資訊，再加上執行單位為維護既得利益而抗拒改變，使得決策人員並無理性選擇的決策空間。

外部壓力

除了組織本身的某些因素會限制組織彈性外，來自制度環境層面的許多壓力，也同樣地限制組織變化的彈性，如財務和法律，便經常是最大的進入與退出障礙。同時，社會大眾的期許，常形成一股對企業組織的正當性期望，驟然改變，會使企業失去其存在的正當性。目前，台糖公司的轉型，便是一個明顯的例子。過去，台糖以照顧蔗農、維繫台灣農業發展為其重要的使命。今日，這項使命無疑減緩了它進行變革與調整的速率。

選擇的限制

Aldrich〔1979〕指出，許多組織之所以未能在環境發生變化時，快

速採取應有的反應，是因為在「選擇」這種行為上，具有先天性的自然限制所使然。我們知道，每一位決策者都是獨立的自然人，他們具有本身特別的成長背景與經驗範圍，這些都造成了決策者獨特的偏好習性或認知。同時，主觀的知覺環境與其所處的真實客觀環境之間，常存有一些資訊失真的差距，容易產生「選擇上的錯誤」，因而經常誤導或延遲了組織採取反應的能力。

以上有關各種阻礙組織彈性反應的惰性因素的討論，更讓我們進一步理解，由於主、客觀因素的影響，組織在面對環境的變化時，企業決策者不一定能快速的採取行動，反而是常常心有餘而力不足地，眼睜睜的看著組織因為適應不良而逐漸遭社會淘汰。這種無力感強烈的告訴我們，選擇一個適合的環境，而後靠山吃山、靠水吃水，是經營決策者在面對環境限制下最重要的策略邏輯。至於靠著山邊生活而必須「吃山」的經理人，該如何設定生存策略，以運用環境中的資源來延續組織的生存，則是我們稍後討論的主要課題。

組織生態策略

組織生態學者認為，由於環境的強大壓力與限制，生存在相同環境下的企業族群，其生存手段是非常相似的。因此，從生態觀點思考組織策略，主要著眼於環境對組織的關鍵影響，由此引發的策略邏輯則包括，利基寬度策略、生命繁衍策略、組織同形（isomorphism）策略與合

作共生策略四項，以下分別加以討論之。

利基寬度策略

在生物環境中，物種求生存的首要前提，是尋找一個有利於其繁殖的「環境條件」集合。這個「條件集合」，策略學者將其稱爲「利基」（niche）。由於這些條件的存在，使得族群的成長率不是負值。族群的成長率，通常受制於多項環境構面，所以，此處所云的「條件集合」，應該是包含N個構面的空間，每個構面特指某一定的水準，就像平均降雨量或平均白晝溫度的變動，其中每個點都代表空間中N個環境構面的某一特定狀態。

任何一個存活下來的族群，都會在環境中佔用一個特定的利基，各族群在每一個環境構面中，所採取的利基寬度策略並不相同。利基寬度係指，一個族群對資源水準改變的容忍度。一個族群如果有較寬的容忍度，就表示其能在不同水準的環境條件中繁殖，也就是具有較寬的利基。有較寬利基的族群，生態學上稱爲「通才」（generalist）；相反地，具有限容忍度的族群，學理上稱爲「專才」（specialist）。

通才和專才的意義，可舉餐飲業爲例說明之。對餐飲業而言，傳統的一般餐廳所面對的是，「今天家裡不開伙」的家庭式外食人口。爲了使這群顧客能夠像在家中用餐一樣，每天享受不同的菜色，傳統餐廳提供各式各樣的選擇給顧客，蒸、煮、炒、炸等做法皆備，飯、麵、湯、菜等種類琳瑯，一本菜單裡列示不下百種以上，這就是餐飲業中的「通才」。在通才的店裡，往往要耗費多時才能飽餐一頓，速食餐廳的出

現，就是要滿足一群「不能等」的顧客。面對這一群要迅速解決民生問題的顧客，速食業者的一切服務都是以快為宗旨，所以，提供有限的品項、一致的規格或搭配給顧客，並以中央廚房的作業方式以及標準化的處理流程，來實現共同的需求——快速——這就是餐飲業中的「專才」。

「利基」是聯結策略理論與生態理論的重要概念，企業組織選擇較寬或較窄的利基寬度，似乎各有其不同的策略意涵。這其中的答案顯然是，「保有較大容忍度以因應各種變異條件」，或「集中全力以求較高績效」的置換（trade-off）關係。一般的組織或其設計者，受到有限資源的局限，在同時進行多種活動時，勢必在資源配置上有所考量。這時就產生了典型的管理問題：「組織究竟應該成為一個萬事通，但沒有一項能力特強？或是集中全力，在特定領域中獨佔鼇頭？」針對這樣的權衡問題，Levins〔1986〕以生物生態學觀點所提出的「利基寬度」理論，可以提供適當的參考。

利基寬度理論探討，環境的變異如何影響「通才」和「專才」的生存機會。由於其中涉及到複雜的數學公式演算，分析過程在此不擬細述。但有兩個重要的結論，是值得供策略決策者參考的：

第一，當組織面對的是數個不相似的環境時（可以想像成有許多不同的市場區隔），且外在環境的變異非常小時（例如市場需求的波動很小），則應採用專才策略，亦即專注於某一領域（例如速食餐廳以明亮清潔的布置、快速的服務及標準化的產品為訴求），較能夠存活。

第二，當組織同樣在面對數個不相似的環境，但環境的變異非常大時，按照一般的想法，應採通才策略，以便適應各種不同的環境需求。

這樣的邏輯大致無誤，但值得注意的是，如果外在環境的改變速率極快（學理上稱爲「細紋」），對組織而言，不覺得環境的變遷過大——例如，冷熱環境快速改變時，感覺到的只有平均溫度——這個時候，仍宜採取專才策略，較有利於組織的生存。

生命繁衍策略

■生物界的 r 策略與 K 策略

生命繁衍，是生物界中另一個重要的自然現象，但不同的生物族群，在發展過程中，卻形成不同的適應策略。其中，有部分族群在對其繁殖後代的投資上，以一種「機會主義」（opportunism）式的繁殖策略，採取「多產」的方式，亦即，在有限能量和物質的限制下，對每一個繁殖後代，只能做很少的能量和物質投資。因爲投資少，所以個別後代的生存機會自然就小，湊巧遇上了良好的環境情況，就能夠生存下去。採取這種策略，可以發揮其族群最大的內在成長率。因爲，生態模型中，r 正好代表內在成長率，所以，一般習慣就以「r 策略」來代表這個類型的生命繁衍策略。

相反地，有的族群會採取「少量生產」的方式來繁殖後代。這種族群中的個體，在每一次的繁殖中，均會做出最大能量和物質的投資，因此，其個別後代也就會有較佳的求生能力。就因爲採取了這樣的策略，使得這類族群即使在面對密集的競爭壓力時，仍能繼續擴張成長。也就是說，當大部分與其競爭的族群都接近負載量，而且資源需求很大時，

這類族群仍能夠擴張。在生物生態模型中，K代表負載量，所以也就稱這種類型的生命繁衍策略爲「K策略」。

這兩種策略的主要差異在於：r策略所擁有的快速成長率，構成族群一種反應迅速、充分利用短暫機會的能力，但是遇上密集競爭時，因爲個體競爭力太弱，將會造成大量的死亡，抵銷高出生率的效果。而K策略則是依靠其強壯的體質，禁得起激烈競爭的考驗，但是對於新出現的機會，總會慢了半拍。

這兩種生命繁衍策略的天擇效果，是決定於環境的變動程度：環境如果改變緩慢而有規律，就有利於K策略，因爲，此時可以發揮其強大的競爭力；反之，如果環境的改變是快速而不確定，r策略反而有利，因爲，只有此種策略才能保持彈性與機動性，充分把握機會。

■企業組織的r策略與K策略駍

Hannan & Freeman〔1989〕認爲，上述生物的繁衍策略觀念，同樣可以應用到組織。有些組織有較好的效率與正當性，一旦成立，預期將有較長的生命，並在所處的環境中佔有優勢。但是，這類組織的成立並不容易，他們需要較多的資本和較高技術的人力，同時，這些資源常常供不應求，並不是很容易取得。這類組織的出生率，對不穩定環境也較敏感，因爲，有效率而複雜的運作，需要長時間的學習方能穩定，所以，這類組織在早期不穩定的環境中，顯得特別脆弱。這種組織的繁衍特性，就是剛才所提到的「K策略」。另一類組織，對偏好複雜結構的人來說，可能是微不足道的。這類組織雖然能預期生命較短，但因爲只需要很少的資源及一點點的正當性，所以，常可在短期間內大量出生。

一般而言，愈是簡單、規模小、管制單純、營運容易的組織，其成立的速度就愈快，當然，其預期存續的時間亦較短，這類型的組織族群採用的就是「r策略」。

在半導體產業中，從設計、製造到封裝，不同的垂直分工階段中，因為所面對的顧客市場、技術設備不同，生存條件迥異，因此，在不同階段的廠商群，便採取不同的繁衍策略。在積體電路設計階段，設計所需要的資金與設備並不昂貴，但是，末端產品的各種功能需求變化多端，因此，設計公司必須有能力不斷提出各項增加產品附加價值的設計。這使得有創意與設計能力的人才，很輕易就能因為掌握到生存空間而存活下來。所以，在半導體產業中，設計公司就有上百家，但因為市場的變化也是快速的，設計公司的壽命往往也不長。

又如，在製造階段，一座晶圓廠的興建須有數十億台幣，運作過程中，更須有制度化的流程與規章，以及精熟的人力，才能確保晶圓廠的成長與擴張。所以，在半導體產業中，從事晶圓製造的廠商不過十家，每家的員工都在千人以上，並採用精良的組織結構與典章制度來推動運轉，對於人力、設備、技術的投資，都以充分的資金與時間來挹注與發展。不像設計公司只是十數人的麻雀規模、簡單的結構與制度，迅速解散後又可敏捷重組。設計公司的r策略，恰與製造廠商的K策略，呈現截然不同的生命繁衍方式。

很多策略分析家認為，這些策略是個別企業所能擁有的屬性，企業本身如果能努力發展「辨別新機會」的能力，同時迅速改變其結構與程

序，便可得到先進者的好處。然而，從生態的觀點來看，很多的先進者其實並沒有這樣的策略彈性。更重要的是，族群分析的邏輯清楚的說明，在技術和社會快速轉變的條件下，會出現較多的 r 策略廠商，但這並不表示這些廠商就具有彈性反應的能力，只是因為這些廠商成立的速度較快，抵銷了同類廠商的退出而已。換言之，即使我們在不同環境下，看到有很多不同的 r 策略廠商存在，也並不代表是同一批具有彈性的廠商，能夠在不同的環境間自由移動。

策略同形與共同演化

環境既然是主宰族群命運的絕對力量，因此，生存在相同環境下而彼此條件類似的族群，在面臨著相同的環境限制與壓力時，自然會採取相似的生存手段，致使彼此的形式趨於相同。這種現象在企業組織中同樣存在，一般學者將這種組織趨向與環境契合的過程稱為「同形」。

根據 Buchko〔1991〕的看法，環境將組織推向同形的力量，主要可概分為「競爭」與「制度」兩大類。前者導源於，環境中有限的資源誘發了激烈的競爭，各個組織為了爭取相同的資源，會修正其習性（策略），以求最有效的取得資源。經過激烈的競爭之後，具有必要特性的組織得以留存，反之則被淘汰，所以，生存的廠商都具有相同的特徵。在此，「市場」扮演著天擇機制的角色。

在實務中，競爭力量並不能完整的解釋所有的組織同形行為。在許多情況下，來自制度環境中的壓力，才是迫使組織同形的主因。依照 DiMaggio 和 Powell〔1983〕的研究指出，來自制度環境的同形力量有

三：

　　1. 強制同形（coercive isomorphism）：組織所依賴的客戶、廠商或社會機構，對組織有許多期待或規範，組織為了取得正當性，並配合上、下游的要求，必須逐漸同形。

　　2. 模仿同形（mimetic isomorphism）：這種力量源自於組織對未來不確定性的規避行為。當組織面對的環境，呈現出高度的變動率與不確定性時，經理人員不能確定什麼是「適當的」策略。於是，只好假定成功競爭者的策略，在此環境下至少是「有效的」，而決意加以抄襲，這種於生態學上稱為「擬態行為」的舉動，一方面規避了風險，一方面還能避免對手建立優勢。由此可知，模仿同形未必是為了改善績效而來，其實，這更可能是一種對不確定性與無力感的回應而已。

　　3. 規範同形（normative isomorphism）：由於時下教育體系與專業知識的統一，使得各組織的管理人員或研究人員大都受過相同的訓練，而具有類似的背景（此舉有益於協調成本及轉換成本之降低）。由此，這些人員所做出的「理性」決策及策略選擇，也就大同小異。另外相同一批管理人員，經由工作交流、用人與升遷、轉職而散布到不同的組織當中，因此也將相似的工作方式、價值觀傳遞到不同企業中，在相同的壓力下，這些企業自然會有相同的反應，而趨向同形。

　　以上的說明只在解釋企業族群中同形的事實。從策略的觀點看，組織同形的事實顯示的意義應有下列三點：

　　第一，企業在追求策略差異化（異質）的同時，應審慎注意策略同形的必要性。根據以上的討論，促成同形的環境力量（如法令、技術）是不易改變的。在環境前提下，如果堅持特立獨行，不願接納族群的同

形期望，反將動搖組織生存的根基，不應掉以輕心。

第二，從生存的觀點考量，由於各個組織所面臨的環境都相同，因此，和同族群中的組織維持同形，往往是最佳的生存策略。這樣的想法，對新進入的組織而言，尤其更具有積極的意義。

第三，環境是一個動態的現象，因此，組織應經常檢視不同環境下的策略要求。更重要的是，族群間具有相互依賴的現象，因此，其他族群的環境改變後，會影響該族群的組織形式。在此同時，該族群的變異將會對本族群形成選擇壓力，本族群如果不同時進行共同演化，則可能被天擇逐出生存環境。最近幾年來，台灣產業快速移向大陸，此種現象尤其明顯：許多中心廠在零件廠移往大陸後，不得不隨之移向大陸，否則將面臨淘汰的命運，便是一個典型的族群間共同演化的事實。

回顧台灣自行車產業的發展歷程，可以更進一步理解共同演化的意義。自行車產業是屬於精密裝配的工業，每輛自行車需要一百二十餘種主、次要零件進行組裝，故自行車的生態系中有兩大共生族群——成車族群與零件族群，任何一家成車廠均須結合多家零件廠，方能完成最終產品。在一九五八至一九六九年間，因為台灣自行車市場需求量增加，許多小廠以低廉低質的產品模仿，使仿製車充斥市面，此為模仿同形的力量。

在一九七五至一九七七年間，因為美國政府公布CPSC的自行車安全標準，從嚴要求品質，故台灣亦擬定國家標準，屬行品管制度、品質分等，不合格廠商禁止出口等政策。結果，成車廠開始重視品質，對零件廠的要求提高，零件廠若不能達到標準，就轉向日本進

口,此為制度同形的力量使然。

一九八〇年之後,成車產品不斷在創新,車材朝向「輕量化」的特色發展。巨大與美利達兩家公司開發出鋁合金與碳纖維複合材料,在其帶領下,其他成車廠亦開始進口或生產鉻鉬合金、鋁合金或碳纖維的登山車、變速車及多功能車,同時,零件族群亦在設計、結構改良上配合成長。

一九八二年,經濟部中小企業處將自行車成車業列為主要輔導行業之一,相關專家輪流駐廠,改進成車廠的生產技術並加強品管,使各成車廠在管理上一致成長。一九八四年,巨大、旭光、太平洋與四十家零件廠登錄為中心與衛星工廠體系,接受政府輔導。其他如美利達、功學社、正道等廠雖未登錄,然亦推動中衛體系,輔導重要衛星廠,引入同樣來自日本的中衛制度,使廠商間輔導與評核的模式大同小異。此時是模仿、規範、依賴同形的力量,共同推展演化。

一九八九年,零件族群紛紛前往深圳設廠,使部分成車廠亦跟隨與之匯集。一九九二年,巨大在崑山投資設立捷安特公司,又掀起台灣零件族群的第四波跨海熱潮,其他成車廠亦展開作業進入江蘇地區。依賴與模仿同形的力量,主導了遷徙、適應的演化。

合作共生策略

在生態觀點下,個體的力量幾乎是微不足道的,所以,組織個體在面對環境壓力時,除了選擇一種最有利於本身生命延續的生存利基與生

命繁衍策略外，別無操控本身命運的能力。在生物界中，物種為了提高生存的機率，便出現許多集體行為的現象，這種聯合相關個體，以群體力量來對抗環境的天擇，遂成為生態觀點下另一項重要的策略邏輯。

在探討合作共生策略時，生物界中的許多現象，可以讓我們得到一些啟示。以生態學對自然界中物種間關係的觀察，各物種之間除了競爭外，大致上還有四種基本的互動關係，這四種關係在企業界中同時可以觀察得到：

■互利關係（mutualism）

是指兩個個體基於考量後的聚合，使雙方各得其利，雖然雙方利益未必同質同量，但仍為雙方共認之公平交換。傳統製造業中所形成的中衛體系，中心工廠和衛星工廠間便存在著彼此均可接受的互利關係。

又如旅行業者與航空公司，基於與上下游共同求生的互利，往往會共同推展新的旅遊商品，簡稱PAK。一個旅遊地點或航線的興衰，因旅行業往往掌握團體客人的百分之八十五左右，故有極重要的影響地位，一旦業者決定放棄某一旅遊點，該點航線必一落千丈；而航空公司為提高離峰需求，加強淡季載客率，也會與業務往來密切的旅行業者共組PAK，以推展新航線或炒熱冷門線。對旅行社而言，聯合同業與航空公司，除能提高相對談判力、降低出團成本外，亦能因機票來源穩固，減低營運風險，並提升品牌知名度，二者是一種典型的互利關係。

■共食關係（commensalism）

兩客體並存在一種互相無損，但對其中一方卻有極大助益的關係

中，這種關係即稱之為「共食關係」。這類的生態關係，可能只對夥伴中的一方有某些利益，例如方便移動、可獲得免費的棲息之所及食物，或順便受到保護，但另一方並未因此而受到損壞。百貨公司中，某一單位舉辦的特殊表演或演講活動，同時能為各個專櫃帶來人潮，便是一個典型的共食關係。

在大型醫院中，因為病患、訪客極多，且其停留時間常是半天至一週不等，醫院本身並不提供醫療照顧以外的需求滿足，而設置於醫院地下街或周邊的購物、餐飲商店，就能利用滯留於醫院中的人潮獲得商機。這些周邊商店與醫院之間就形成一種共食關係，商店獲利極大，而醫院亦無損。

■寄生關係（parasitism）

寄生關係是一個主體（廠商）把自己寄託在另一個主體（廠商）的身上、外部或內部，藉著吸取寄主身上的資源，以營謀自己的生活。電影院門口的黃牛、攤販和電影院間的關係，便是典型的寄生關係。

■擬態關係

此指一方個體在未經另一方個體同意的情況之下，發展或模仿對方的行為、外形（策略），以混淆環境中之其餘利益相關者，並藉此而獲利。

例如，當麥當勞在國內登陸並造成旋風後，許多國內飲食店紛紛跟進，便是一種典型的擬態關係。又如上大商務公司，一反普通「快遞」業務的作風，以民營郵局的面貌，經營郵遞業務，遭到郵局的控告。如

同傳統的綠衣信差，上大的員工亦披上印有「上大」二字一半綠色的制服，沿街遞送信件。起源於高雄地區的上大，在經營一年之後，於台北設立營業所，並仿郵局要發行上大的郵票，計畫以一個月二、三十萬張的步調進行，並推廣不需加盟金的「支局」。鑑於電信業務即將開放民營，上大又舉旗張鼓招考起「電信人員」，準備進軍台灣之電信市場。上大對郵電業務的「擬態」，勢必將引來不斷的法令爭議。

以上的互動關係與生態實例告訴我們，同一族群內的企業，雖然爭取相同的資源以求生存，但也未必一定要以競爭的手段來達到目的。其實，也可以藉著合作的方式擴大資源來源，讓大家都吃飽。至於不同族群之間，也可以將不相干的關係轉化爲集體力量，藉此緩衝環境變動時的巨大壓力。畢竟，大家是同處於一條船上的生命共同體！

結　語

「生態」二字最近幾年來成爲流行名詞，「政治生態」、「商業生態」、「學術生態」等字眼常常可見。探究其原因，除了是因爲環保課題受到重視外，組織或個人所感受到的環境約束及個體無力感，是一項重要的因素，這樣的氣氛同樣影響到組織與策略的學術研究。有關「生態說」的策略邏輯，在前面已簡略討論過了，但是在學習與運用這些邏輯時，仍有幾點是值得再次強調的：

一、以生態爲核心理念的企業策略邏輯，是嘗試透過類比生物生

態，得到一些新的啓發。在觀察與類比生物界的現象時，確實可以發現許多值得企業決策者觀摩學習之處。但是，生物組織與企業組織畢竟有相當的不同，尤其是企業組織，存有相當高的自主性與意志力，在從事這項類比，並進行某些策略邏輯的推衍時，應特別留意彼此的差異所在。

　　二、從大歷史的觀點，沒有哪一種生物能夠超越生死的自然法則。許多科學家強調，死亡其實是生物界的偉大發明，由於老舊族群的消逝，才使得具旺盛生命力的族群能夠得到成長所必要的資源。同樣的，在企業組織中，雖以永續經營爲其基本前提，但世界上的企業經營，能超越百年的屈指可數。我們有理由相信，企業組織內部確實存在著和生物界中相同的自我毀滅機制。如果接受前面的觀點，我們亦可以說，企業組織的消失不一定是完全不好的，新生的組織往往能以更具活力的形式在商業舞台上展現。筆者希望強調的是，生態說對企業策略決策者的價值，不僅在對生物界生存策略的模仿，更在於提醒經營者能夠坦然面對與理性安排組織的死亡。

　　三、生態學是一個長時間、遠距離的宏觀思考，因此，生態觀點的策略邏輯，無疑較適合解釋企業長期的經營行爲；相反的，對於短期的企業活動較難產生直接的指導功能。換句話說，我們在認同企業長期生死的必然性時，不能否認企業在短時期內獲利成長的偶然性是絕對存在的，而這個部分正是企業經理人得以發揮著力之處。

不確定時代的經營策略

今天的社會，無論是企業或個人，都有很高的不確定感，亞洲金融風暴、華航墜機，再加上持續不斷的天災、人禍，確讓人有屆臨世紀末的深深感受。

從企業經營的觀點看，不確定的形貌可以用「風險」與「風潮」兩個名詞來形容。例如，英特爾公司在一九九四年因為CPU的浮點計算出問題，栽了一個大筋斗，損失了五億美元，這就是風險；又如，好萊塢的電影《鐵達尼號》最近在短短半年間風靡全球，賣座超過十億美元，這當然是一股風潮。

在這些例子中，無論是損失或獲利，金額之龐大早已超出一般人的想像，但是，這樣的故事並非獨特，大起大落早成了科技企業的常態。在不確定的環境中尋求生存之道，確是經營者必須嚴肅面對的基本課題。

在討論企業的生存策略前，我們應該先探討現在企業的經營這麼不確定，主要是什麼因素造成的？大致來說可以歸納為以下幾點：

一、群聚效應。在一個社會裡面，一旦有一件新鮮事發生時，每一個人都希望參與，不願落後，自然發生一窩蜂的情況。這就是群聚效

應。群聚效應源起於游牧民族時代人類相互合作求生存的本性。這是最傳流、最古典的說法，並不能完全解釋現代企業不確定的現象。

二、市場全球化。過去的企業經營，可以用蠶食的方式逐漸進軍世界大同的市場。新產品剛出來時，先賣到消費比較高的地方，然後賣到日本、東南亞、第三世界，是一個逐步發展的過程。

現在的企業經營卻不能這樣。現在的企業面對的是一個全球化的市場，消費力遠超過任何單一廠商的產能，這是因爲全球通訊非常發達，世界上各個地方的購買力也逐漸接近。今天任何一家公司在世界上任何一個角落推出的任何一件新產品，在很短的時間內，全世界都會知道，也都會對這項產品有興趣。因爲發生時間快速，所以很容易就造成一個需求的高峰，讓你沒辦法應付。

另外一個市場的不確定，來自於資金市場的全球化。最近的金融風暴，其實就是國際性的金融投資者跟一個國家的中央銀行作對，中央銀行輸了，認賠出貨，結果造成市場暴起暴跌。

國際金融投資者的實力其實完全是資金市場的全球化結果，任何一個人的點火，都可能帶動全世界資金的聚集，即使中央銀行也難以招架。最近很多企業有這樣的感慨：經營了半天，公司的獲利率可能只有百分之三或百分之五，但是一不小心在匯率上的損失，可能超過百分之十。這份無奈，深植在許多企業家的心中。

三、技術數位化。傳統的技術是類比型（或稱原子型）技術。在類比技術下，任何一個產品的生產，都必須靠許多的協調、配合才能完成，所花的時間相當長。IC、電腦產品出現後，技術改成數位化，使得產品在生產過程中可以快速傳送、快速累加，在很短的時間內重新複

製。生產的快速增加，使得市場的龐大需求有更進一步增強的效果。這兩者相互推波助瀾，造成了更高的不確定。

除了技術數位化，我們也可用知識性生產來表達目前產業基本的特性，知識性產品最基本的特色，便是它的複製成本非常低。今天微軟在開發一個視窗軟體時，大概要花費五千萬美元研發，可是當這個產品開發出來，可能只要花五分鐘的時間就可做出五千萬片，而每片的複製成本可能不超過一美元。

複製成本這麼低廉，使他們有可能在很短的時間快速複製，產值得以快速擴大。比爾‧蓋茲是目前全世界的首富，目前微軟的股票市值，超過東南亞四國加在一起的總和。一個公司的價值超過四個國家GNP，最大關鍵便是因為微軟公司的產品複製成本非常低，讓它能在短短的十年間發展到今天這樣的局面。

四、正向回饋效果。在傳統的經濟學裡，平均成本曲線依循邊際報酬遞減的原則，生產到某一個程度就上不去。可是在數位化的時代，這樣的邏輯被打破了，因為複製成本很低，多做一片軟體去賣錢，並不需付出多大的代價，還可攤銷龐大的研發費用，所以做得愈多愈便宜。

更重要的是，很多的產業或產品，彼此之間具有互補或互相支援的關係，使得成功的產業變得愈來愈大。

舉個實例，在錄放影機的戰爭，VHS之所以能打敗Beta，不是因為它的產品品質比較好，而是VHS的松下公司和Beta的新力公司採取了不一樣的上市策略。

一開始時，新力採用傳統的經營邏輯，先在較好的市場，以較高的價格銷售，第一年賣了七十萬套；松下則在全球同步推出，用低廉的價

格，賣了八百四十萬套。雖然從利潤的觀點來看，這一年新力賺得比較多，但是大多數錄影帶業者考量租售市場時，卻選擇量較大的VHS系統製作錄影帶。

由於有節目軟體的支援，使得後來進入的顧客在購買錄影機的時候，選擇了VHS。這項正向回饋的效果，促成了VHS的成功。

「正向回饋效果法則」誘發了經營過程中更殘酷的競爭，大家都想爭第一名，產業競爭更激烈，使一個產業愈快地興起，愈快地消失，成為今天產業沒有辦法改變的宿命。

不確定的回應

上述的討論讓我們了解「不確定」不是偶然現象，而是企業經營的常態，是企業經營者必須面對的重要課題。在不確定的情況下，我們要如何去回應，歸納起來認為有三個基本的策略類型：第一個是迴避策略，第二個是順應策略，第三個是創建策略。

如果用簡單的話來解釋，第一個迴避策略是能夠不惹事就不惹事；第二個順應策略是盡量順著大勢而進行；第三個創建策略則是把不確定當做很高的海浪，把自己當做接受挑戰的滑水選手，乘風破浪。

迴避策略

這個策略是希望處理掉風險。當外在有這麼高的不確定性時，怎麼

去降低經營風險可能是我們大家所關心的問題。對抗風險可以有以下四種方法：

一、降低風險。降低風險最基本的做法就是聯結風險源，也就是確定你的風險來源所在，然後跟風險來源維持良好的關係。許多廠商發現，顧客的偏好起起落落，怎麼去抓到顧客偏好是一件困難的事，也是我們主要風險的來源。

如果你有這樣的認知，那為什麼不想辦法將顧客當成企業的一份子？最具體的做法就是採行會員制，讓公司由大家共有，公司的產品不是由你決定，而是會員共同來決定的。這就是所謂透過風險源的聯結，讓風險盡量降低。

另外一個做法是，在事後，當意外事件發生後，要盡可能地降低損失，所以研擬適當的應變計畫，讓事件能得到最快速的處理，是在不確定環境中非常重要的因應策略。

二、隔離風險。有的風險是無法降低的，可能的做法是把這個風險適當隔離，即使發生風險，也不會對我們造成太大的影響。想像一個企業是很多同心圓，那麼我們應該想辦法將最核心的技術、最關鍵的東西保護在最中間的地方，外層有許多不同的保護膜層，萬一發生風險，也有很好的緩衝機制。

三、轉移風險。讓別人替你承擔風險是另一種對抗風險的方式。轉移風險最簡單的方式是保險。保險已經成為現代社會非常重要且基本的理念，但它還不是每一個企業很熟悉或常去做的事情。企業應該只賺企業本份應該賺的錢，本份以外的錢，應該不去賺它。換句話說，不必妄想有額外的報酬，但是也不要產生額外的損失。

既然希望不要產生額外的損失，保險便可能是一個做法，從火險、產險、人險，連因為員工不忠誠所帶來的損失也可以投保。除了保險以外，企最大的風險來源該是匯率。透過適當的遠期匯率操作，能夠讓企業處在可預期的環境，也是一種轉移風險的方式。

四、分散風險。「不要把雞蛋放在一個籃子裡」可能是面對不確定環境時最重要的想法。一個企業若有多種面對不同環境類型的事業組合，便可以讓風險適度分散，因為有些事業的風險小，有些事業的風險大，平均起來，可以得到一個較適中的風險水準。

在實務中，業務範疇多元化包括很多層面，例如產品多元化、供應來源多元化、地理涵蓋範疇多元化等，都可算是分散風險的具體應用。

順應策略

這個策略的基本理念是，承認這個環境沒有辦法改變，也不準備去挑戰環境，只希望在變化環境中找到一個安身立命之處。有四個想法可以參考：

一、快速追隨。在不確定的環境中，快速追隨忽然出現的市場是成功的關鍵。要做到快速追隨，「同步工程」是一件非常重要的事情。過去任何研究發展的過程，都是從基本的構想提出，然後開始研究、發展後，準備生產、行銷，如此必然須經過很長的時間才能夠上市。今天如果要讓產品準時上市，就必須讓這些活動同步進行，當構想剛出現時，就已經開始準備生產與行銷。唯有這樣的方式，才能讓產品在最短的時間內準時上市。

另一個回應準時上市的做法是，任何一個研究發展都會有失敗，如果我們今天不希望研究發展的失敗延誤了產品上市的時間，最好的做法是兩、三個團隊同時進行同一個研發課題，一直進行到快上市時才決定哪一個產品應該放棄，哪一個產品應該上市。

　　從表面上來看，它可能要花費一倍、二倍的錢，但許多實際資料顯示，多花百分之八十的研究經費，大概只有百分之四的損失；而延後了三個月上市，卻可能會造成百分之八十的損失。如果你記得這個數字，你就會願意多花一倍的錢去做研發。

　　快速追隨的另外一個原則是避免被套牢。如果這個產品已經不在市場上銷售了，我們還不斷生產，損失會很大。所以追隨市場趨勢，快速退出市場，避免被套牢，或者避免過時的損失，是另外一個需要考慮的事情。基本的做法就是讓生產過程中的存貨降到最低。最簡單的方式就是讓訂貨跟交貨的時間盡量接近，讓那些價格波動比較快的零組件能夠在現場裝配。現在有些國內廠商已開始做到接單後生產，這就可以減少過時的損失。

　　二、生存與繁衍。當外在環境變化這麼快速的時候，企業要記得，生存是第一優先。若我們今天不願意順應大環境來做改變，只是堅持自己的立場，可能很快被環境淘汰。在產業的發展歷程中，我們看到很多這樣的故事：當有新興產業出現時，原有的產業堅持它未來的理想，不願意做重大的改變，結果是它被淘汰。

　　但今天大環境的改變這樣快，要趕上環境的改變是一件困難的事。什麼時候流行什麼電影，什麼樣的書會暢銷，很難在事前掌握。所以在這個時候，我們需要制定適當的產品繁衍策略。

繁衍策略，也就是K-r策略，指的是，做生意有時候是靠本事，有時候靠運氣。愈是不確定的環境，你愈必須承認運氣的存在。怎樣讓運氣出現呢？多去試幾次，總有一次你會碰到。出版業的經營者沒辦法預估哪一本書會暢銷，因此最重要的策略就是不斷地出書，可能出了三十本書，只要其中一本成為暢銷書，他就賺錢了；其他的書不暢銷也沒有賠很多錢，那就算了。

在這個信念之下，我們必須開始注意到企業裡哪些地方可以隨著流行，或必須隨著環境改變而快速改變的，有哪些卻是穩定不變的架構。在一個快速變遷的環境裡，應該有一個穩定的營運架構，這個架構是任何一項產品都會運用到的，以書出版來看，就是編輯、印刷、運輸、倉儲。穩定的架構和配合環境不斷產生的流行產品，成為我們在現代企業經營裡面的兩個輪迴。

愈是有形的資產，我們愈應讓它成為一個穩定的架構，最好不要配合一個特殊的廠商，或是一個特殊的需求來設計，否則就會造成很大的僵固性。

台灣的IC廠只做一件事情，就是晶圓代工，幫任何一個設計出來的IC做加工生產。IC這個產業是個變化快速的產業，但如果仔細分析，變化快速的產業中有一塊是不會變的，任何一個產品都需要代工和製造，所以台積電的成功，是它看到了一個不確定的產業裡最確定的部分，這部分便成為它的營運重點，也是它基本的營運架構。

生存與繁衍應該同時考慮，生存是指我們需要有一個穩定的基礎去求存在，另外我們則需要有一個很快的繁衍過程，不斷有新產品出現，造就可能的璀璨事業。

三、分子網路。企業為了要生存繁衍，必須將組織調整成分子網路的形式。這是因為要生存，所以希望每一個組織體都很小，但功能很健全，才能很容易活下去；但是分子間又必須形成良好的協調與合作關係，才能對抗大環境的挑戰。所以未來我們的組織會形成一個分子網路，有非常多的獨立個體，而獨立個體之間又形成很大的合作網路。

以流行產業來說，不管是出版業、電影業或是時裝業，每一個公司都是兩三人就形成一個小小的工作室，每一個工作室都可以獨立運作，從服裝設計、剪裁、染整到成衣之間，又形成良好的合作關係。這種組織形式在環境大好時有足夠的能力去滿足市場，在環境轉壞時又有足夠的彈性分別求活。

四、共同演化。當外界環境愈不確定的時候，你愈要記得隨著相關組織做適當的變化。當顧客偏好變了，設計公司應該跟著變，零件工廠和裝配工廠也應該隨同演化，才不會被環境淘汰。

台灣的資訊電子廠基本上是作OEM的，由於全世界電腦的市場波動愈來愈快，所以所有電腦廠商都希望產品盡快上市，便要求台灣廠商必須縮短交貨時間，台灣的廠商因而受到很大的壓力，但也改善了本身的體質，這就是共同演化的過程。

從大歷史的觀點來看，單一個體很難對抗大環境的挑戰，但如果你是跟一個大群體合作，就有可能回應環境的需要，例如：你加入DVD世界聯盟，你就必然是在DVD與CD-ROM世界爭霸中的勝利者，共同演化強調每一個企業都應成為世界團隊的一分子，更重要的是，當環境改變，總會有人開始變，如果能跟得上蛻變的步調，就跟得上時代的要求。

創建策略

最偉大的企業家是去創建未來，希望在大環境的改變過程中乘風逐浪，成就一番大事業。如果你是這樣的人，以下幾個策略可以參考：

一、前瞻。很多不確定事情從表面上來看，都好像是偶爾發生的，但其實所有事情的發生都有某種程度的脈絡可循，如果你能夠掌握主流價值，就有可能走在環境的前端。

從過去的經驗我們可以看到，整個大局的改變基本上是受到技術驅動所帶來的。任何一個新技術出現後，帶動了產業向前的動力，譬如說汽車業出現了，取代了馬匹。可是當汽車業出現，有人會發現，全城的鐵匠都不見了，爲什麼鐵匠會失業？因爲汽車取代了馬匹，馬匹不需要鐵蹄，所以鐵匠失業了。

任何一個產業的興起或是一群產業的興起，往往是一個技術所驅動。去辨識技術驅動的源頭，然後了解對產業的影響，你就可以知道會有多少衝擊。

再往前推，一個技術的出現是因爲有更基本的價值觀驅動，而技術的出現又帶動了產業的革命，這個脈絡都是可以去猜測的。如果我們今天要做一個不確定環境下的主流領導者，就必須知道下一個世紀會有什麼樣的主流價值。

二、創新。當你想到產業變化快速，很難去追逐時，可以從另一面去思考，爲什麼不去改變產業，創造一個比較適合你的遊戲規則？如果你可以創造新的遊戲規則，就可以走在主流的前端，所以創新是主導發

展過程的基本動力。

　　事實上，很多產業的創新都不如我們想像中那麼困難，各位如果仔細觀察過去幾個世紀，各個不同階段的產業創新，有時候會發現，許多產業創新不是什麼偉大的技術發明，只是一個簡單的概念實施。

　　譬如像SWATCH錶，它只是把瑞士最有名的傳統錶，加上時髦設計，成為SWATCH錶。麥當勞最大的產業創新，其實就是設計一個非常明亮的消費環境，加上快速供應而且標準的產品品質。這樣一個簡單的概念與發明，造成產業的革命，形成一個根本的改變。

　　在所有的產業進展過程中，尤其在不確定的環境裡，所有的企業都應該有這樣的信念，不要等到環境來淘汰你的產品，應該不斷地自我淘汰產品，創新則是這個信念的支柱。

　　三、學習。愈是不確定的環境，愈是需要有學習的信念和想法，因為外在環境不斷在改變，所以我們不能夠一直認為現在的做法、想法一定是對的。

　　我記得兩年前我們政大科管所師生去歐洲訪問，由於近幾年來國內高科技產業發展迅速，歐洲學者都對台灣的高科技廠商非常推崇，但他們也常問，你們會做電腦，但為什麼不會做核電廠、捷運或挖山洞呢？對歐洲人來講，他們認為新興工業國很難處理一個大型複雜系統，而歐洲人卻有這樣的能力。這是他們的驕傲。看看台灣，這確是事實，我們可以處理一個零件不是很多的產品的標準化製造過程，但是要我們去處理一個較大型的複雜系統就沒辦法了。這是我們的致命傷。

　　後來我花了點時間去想這個問題，為什麼台灣社會可以做標準化產品的大量生產，但是要我們做複雜一點的大型系統，就碰到困難？可能

是因爲我們沒有「從做中學」的習慣或信念，也就是不會「從工作中不斷自我調整」。蓋捷運、開山洞，在不同時間、不同空間，所面臨到的問題是不一樣的，你絕對不能夠假設說這個山洞過去這樣開，現在便可以用完全一樣的方式複製。所以在一個愈不確定的環境裡，愈應該和外在環境保持密切互動，不斷自我學習、自我調整，這個可能是我們在鼓吹創新的同時，另一個需要去創造及維持的能力。

結　論

　　在千禧年即將到來的此刻，大環境的不確定確實爲社會帶來一些迷惘。從企業經營的層面來看，迴避環境變遷的壓力，順應環境的挑戰卑微地活著，甚或直接挑戰環境、創建輝煌的未來，都是不確定時代可能的生存之道。但是個人以爲，對不確定的回應更是一種哲學與信念，以下幾點可說明我對不確定環境的一些基本理念，供企業經理人參考：

　　一、流行與經典。當外在環境愈不確定，我們愈覺得跟上環境的腳步很重要，也就是要追求流行。但在追求流行的同時，我們內心深處也應該有形塑經典的自我期許。當這個世界逐漸成爲一個正向回饋的社會的時候，我們必須面對一件事實，所有的產業到最後都只剩下少數幾個成功者，而要成爲最後的成功者，一定是它的產品非常完美。所以愈是一個正向回饋的社會，愈有追求經典的必要性。在策略上，必須不斷淘汰自我產品，追求更完美的產品；而在理念上，經典更要成爲你在成長過程中的最終期許：「我希望我的作品是全世界最好的，我願意花比較

長的時間去完成。」

二、活力與沉穩。在一個愈來愈不確定的環境，愈是需要充沛的活力去回應這個改變。但是，當有活力的同時，也必須要有一顆沉穩的心。沉穩的心就是有時候需要停下來，看看長遠的環境有什麼變化。如果你可以做到這點，就可以脫離短期的迷惑，朝長遠的目標努力。更重要的是，有一顆沉穩安靜的心，才能蓄積與融合一些想法，才有創新與突破的空間。

三、敬天與愛人。現在所有環境的不確定，有一個原因是大自然的反撲。在過去經濟發展的過程中，很多意外其實是因為人類過度自信、過度自我膨脹，造我們對很多事情的輕忽而失去掌控。所以在面臨不確定環境的同時，心情上需要調整的是：大自然的運行存在著脈絡清晰的法則，你如果刻意去挑戰這樣的脈絡，會很辛苦。重新建立我們對自然環境的尊重，重新理解或感受大自然的規律，可能是我們在不確定環境中另一件很重要的事情。

最後一點是愛人，這有點像是心靈革命，我想說的是，愈是不確定的環境，愈會讓人迷惑在快速演變的過程中，而使所有的行為都極度功利與物化。其實，讓人活得有尊嚴才是社會經濟活動的根本，我們希望在不確定的環境裡，每一個人都能夠重新確認自己的信念跟價值，不希望這個不確定的環境所帶給企業或個人的是一個黑洞，它可能為你帶來短暫的燦爛與光芒，但轉眼間就消失在看不到的黑洞，那對企業或是個人來說都是很大的損失。

——本文為公開演講稿整理，原載於《世界經理文摘》第一四二期，民八十七年，頁64-78

策略規劃的動態觀

策略規劃沒有標準典範，

以九說為基礎的動態程序，

有較豐富的理論支持，

也總結了九說中最有實用價值的部分。

企業的經營策略，關係著企業的生存發展，是企業經營的重大課題。更重要的是，企業的內外環境隨時都在改變，企業主持人必須以動態的觀點，隨時調整策略的內涵，才能符合事實的需要。因此，如何運用策略九說所討論的分析邏輯，以有系統的方式進行策略規劃，便成為大家關切的課題。在管理制度健全的公司中，常會將這些工作納入日常的運作體系，指定特定的人或單位來負責這項工作。由於經營策略的檢視與規劃，已逐漸成為企業內部一項重要而有系統的管理工作，因此，許多學者便以「策略管理」來描述這個領域的工作與學識。

傳統規劃程序

一般而言，策略規劃的工作包括，策略分析、策略研擬與策略執行三部分。加入策略本質的思考後，策略規劃的程序並沒有太大的改變，因此，先就傳統策略規劃的程序加以介紹，下一小節再就加入九說後的動態觀點，進一步說明之。

策略分析

企業在擬定未來的發展策略前，首先應就企業機構的外在環境、內在條件與經營目標加以分析，做為策略擬定的前提。以下分別就這三部分工作，進一步加以說明之。

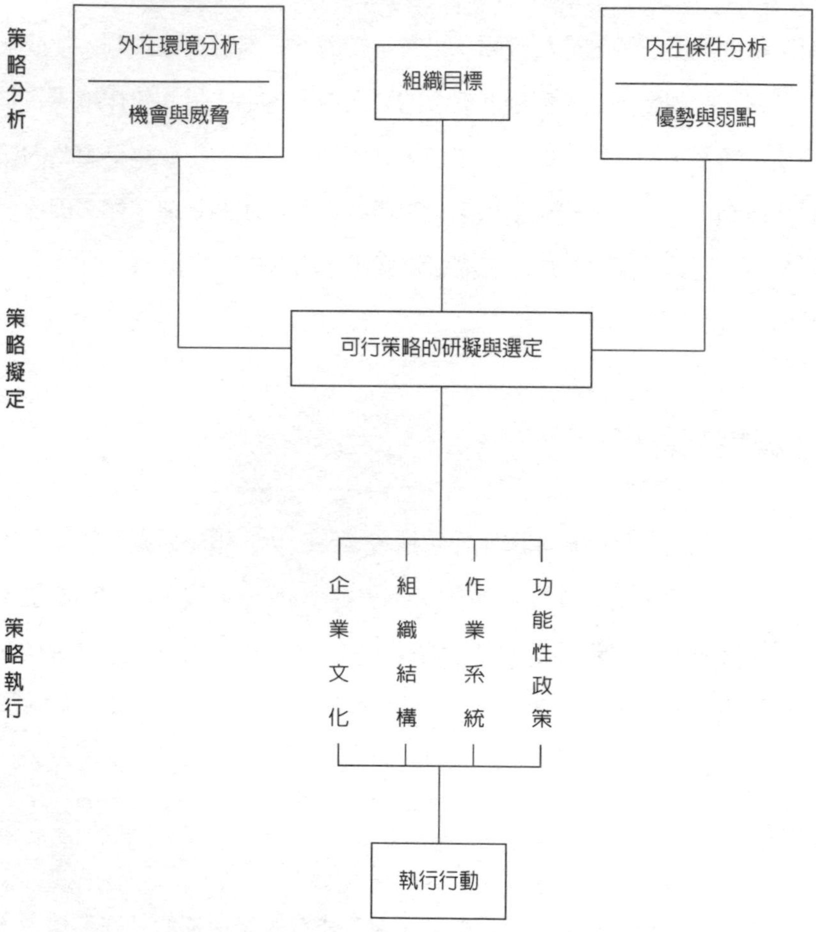

策略分析

策略擬定

策略執行

外在環境分析　機會與威脅

組織目標

內在條件分析　優勢與弱點

可行策略的研擬與選定

企業文化　組織結構　作業系統　功能性政策

執行行動

圖10‧1　傳統策略規劃的流程

■ 外在環境分析

　　所謂外在環境是指，企業機構所面對的各項環境因素，可以細分為顧客、競爭對手、產業與大環境四部分，企業在進行策略分析時，這四部分均應加以仔細的研究。

　　1. 顧客分析：在顧客方面，分析的主要目的在於，尋找並探究市場各種可能的區隔方式，以及顧客的購買動機，藉以發覺尚未被滿足的顧客需要。有關顧客分析的技巧，在行銷管理的相關書籍中均已有詳細的介紹，此處不擬贅述。值得留意的是，在技術快速進步的產業中，很多未獲滿足的需求不是顧客能主觀感受認知的，因此，單從顧客的角度，並不能尋找到可能的市場缺口。

　　2. 競爭對手分析：在競爭對手方面，分析的目的主要在於，界定現有的競爭對手與潛在的競爭對手，從而釐清本公司在產業中所處的位置，以及競爭對手可能的作為。在大部分的情況下，企業均能很容易的辨識本身的競爭對手，例如，華航是遠航主要的競爭對手，松下錄影機是新力錄影機的主要競爭者。但是，這樣的辨識有時可能失之過狹。例如，對新力錄影機而言，除了其他的錄影機廠商外，所有可以替代錄影機功能的產品，如無線電視、有線電視、影碟等各項產品，均會對錄影機廠商產生直接的影響。又如，對遠航而言，除了其他的航空公司外，高速鐵路興建，將提供給顧客同樣的運輸功能，也可能成為航空公司主要的競爭對手。

　　相反的，企業在辨識競爭對手的過程中，有時候亦會失之過寬。例如，在以上有關錄影機的討論中，幾乎所有可以幫助顧客打發時間的產

品或服務，從運動、跳舞、逛街，到讀書，都有替代錄影機的功能，如果全部都要加以分析，可能有上百上千家企業，在策略規劃的實務工作中，將面臨極大的困難。

　　為了解決上述的困境，在分析競爭對手時，可以分為以下兩個步驟來進行：首先，從顧客著手，分析所有和本公司競爭相同顧客的產品與廠商，並清楚辨識各產品間的替代程度；其次，在相互替代程度較高的廠商中，再進一步以策略為基礎，分析競爭對手和本企業間在策略方面之相似性，並依策略的不同，分別歸納為若干個「策略群組」。在同一群組中的競爭對手，是最重要的直接競爭者，而在不同群組中的競爭對手，則是間接競爭者。

　　3. 產業分析：在產業分析方面，主要的任務有二：一為確認產業目前的規模與未來的發展潛力；一為透過產品、市場、生產、技術、交易與結構習性等各方面的分析，進一步了解在本產業中經營的關鍵成功因素。

　　產業分析的內涵與技巧，和前面的幾項分析相同，可以有更專業與深入的探討。簡單的說，在確認產業實際的規模與未來的發展潛力時，首應運用政府機構、業界工會及研究機構的產業報告，或是直接調查的方式，來確定整個產業目前的規模。

　　其次，應分析該產業是否會因為促銷活動、產品線、銷售通路或使用功能等各方面的增加，而使得產業規模有擴大的可能，這是一般通稱的「成長缺口」，並藉此推估未來規模的大小。

　　例如，汽車產業中，所有的廠商如果增加百分之十的廣告量，可以增加百分之五的銷售量；增加一款一千八百西西的小型轎車，可以增加

百分之十的銷售量；擴充配銷體系的深度或廣度，讓顧客更便於接近，可以增加百分之五的銷售量；而改變內部座椅功能，經組合後成為一個可以平躺的床，加上自動運轉的空調，成為一個活動的旅館，當可增加更多的需求。將這些可能增加的需求加以彙總，便可以進一步推估產業未來發展的潛力。

推估產業未來發展潛力時，還應考量產業目前所處的生命週期發展階段。一般而言，產業生命週期可區分為引介、成長、成熟和衰退四階段，有時則有「再成長階段」的出現。各階段還可細分成幾個具有不同特徵的階段，因此，研判產業未來屬於哪一階段的生命週期，是一項很複雜的工作。無論如何，它確是在推估產業未來發展潛力時主要的方法。

產業分析另一項重要的任務是，確認企業在該產業經營時的關鍵成功因素。由於關鍵成功因素是在這個產業經營過程中所應遵循的基本邏輯，因此，「九說」對關鍵成功因素的推論可以有絕大的幫助，聰明的讀者在從事關鍵成功因素分析時，可以嘗試將這兩個課題聯結在一起。

4. 大環境分析：在從事策略規劃的過程中，外在分析的目的在於，掌握可能影響策略的各種機會與威脅，因此，除了和企業直接相關的顧客、競爭對手或產業環境外，大環境的變動趨勢，對企業未來的發展同樣有關鍵性的影響，亦需要小心因應。

一般而言，大環境分析包括科技、政府、經濟、文化和人口五個層面。

在科技層面，策略分析主要關心的是，未來是否會有新科技的出現，使得目前企業所採用的技術遭到棄置的命運。

在政府層面，政府財經政策與產業政策的改變，以及各項法令的修訂，對企業的營運都可能產生關鍵性的影響。

在經濟層面，通貨膨脹、經濟成長、失業狀況及各國貨幣間的匯率，都會對企業未來的發展產生重大的影響。

在文化及人口層面，國民的生活方式、習俗、未來人口結構的變化等，都是策略規劃過程中值得注意的因素。

以上僅是簡單介紹大環境分析時所應注意的重要層面。由於大環境的範圍非常廣泛，在實務上，爲了操作的可行性，分析作業時必須自我設限，那些對企業策略可能直接產生重要衝擊的環境因素，應做爲主要分析的對象。

■内在條件分析

企業在進行策略規劃時，除了分析外在環境、尋求新的經營機會外，還應進行自我分析，細審組織內部的各項問題，以求了解企業目前經營的績效、和競爭者相互比較之下的相對優勢，以及未來尋求進一步發展時所可能受到的限制。

企業在進行內在條件分析時，主要有以下三方面課題：

1. 經營績效分析：企業機構的自我分析，多以績效分析爲起點。了解經營績效，當能了解目前情況與理想間的差距，同時，能進一步知道執行的策略是否曾帶來特殊的困擾，是否有檢討或修改的必要。

2. 成本與附加價值分析：企業成本的高低，直接關係到企業的競爭條件，是企業策略規劃時必須重視的課題。在一般會計制度中，計算成本的方式很多，但從策略的觀點看，如果能夠計算出每一個價值活動目

前的成本，同時了解這些成本的習性，對於未來策略的擬定必有更大的幫助。當然，如果能夠從顧客的觀點，分析每一個價值活動的市場價值，同時了解潛在競爭對手的成本結構，對於策略的擬定自然更有助益。

3. 組織優劣勢分析：確實認明企業機構本身所具有的優劣勢，是自我分析中最關鍵的一項。一般而言，企業機構所具備的優劣勢，常是因該企業具備某項特優能力，或擁有某項資產或負債而產生。由於各行各業對資產、負債或能力的觀點不同，因此，各企業須依行業本身的特性，發展適當的查核表。大致來說，行銷、製造、研發、財務、人力資源與組織管理各層面，均應仔細的加以評估才是。

企業在評估本身優劣勢時，除了和競爭對手比較外，還應有前瞻的眼光，從成長的觀點評量，目前的資源是否足夠支持未來的發展，這些資源主要包括財務與人力兩方面。

■目標分析

目標是企業未來努力的方向。清楚的目標能夠成為企業決策的規範，是組織內溝通與協調良好的工具，在進行策略規劃時，亦應仔細的重加考量，做為策略決策的前提。

在進行目標分析時，大家均同意，任何一個企業所追求的基本目標，均是生存、利潤與成長，並不因時空的不同而有所不同。但是，企業機構除了這些基本的目標以外，初創時核心幹部對機構共同界定的宗旨與使命、企業運作過程中內部員工所共同形成的共識，以及社會上企業社區中所有「社會夥伴」對企業的期望與認知，均構築了企業存在的

表10‧1 策略分析項目彙總

外在環境分析	內在條件分析	目標分析
‧顧客分析	‧經營績效分析	‧宗旨與使命
‧競爭對手分析	‧成本與附加價值分析	‧信念與共識
‧產業分析	‧組織優劣勢分析	‧正當性
‧大環境分析		‧策略意圖

「正當性」（legitimacy），也形成企業更具體落實的營運目標。這些目標包括，對某些業務的偏好、某些夥伴的長期維繫，或某些資源累積的堅持等等。在從事策略規劃時，這些因素都應考量在內。

換句話說，在從事策略規劃時，企業的目標係指，企業設立的宗旨與使命、組織成員的共識，以及企業存在於社會的正當性來源，當然，也包括企業主持人主觀的策略意圖。當組織的成員有所異動、大環境有所改變時，這些目標內涵亦會有所不同，因此，在進行策略分析時，亦應仔細重新加以評估，做爲策略擬定的前提。

策略擬定

策略規劃的第二項工作是策略擬定。策略決策者應針對外在分析所發現的機會和威脅，配合內部分析評估本身優劣勢的結果，研擬可行策略，並進一步加以評估，選定最適當的經營策略。

大家如果回顧一下策略構面的討論，可以輕易的發現，從各種策略

構面的組合中，存在著難以計數的可行方案。如果每一個可行方案均要加以仔細評估，則必是相當繁重的文書作業。因此，彙總外在環境分析與內在條件分析後所發現的機會、威脅、優勢、劣勢，便成為過濾可行方案的最佳做法。筆者在稍後的動態規劃中，會更進一步說明，如何讓策略評估的工作更落實有效地來進行。

策略執行

企業在擬定經營策略後，已為企業未來的發展勾勒出一個清晰的藍圖，但是，這些策略構想如果不能具體的落實在企業日常營運的每一個細節中，則策略還是不可能發揮其實際的功能。因此，策略能否貫徹執行，其實是未來策略成敗的關鍵。

在實務中，策略的執行大致可以透過以下四個管道：

■ 功能性政策的配合

功能性政策包括，行銷政策、生產製造政策、財務政策、人力資源政策、技術政策等各功能領域之政策。當企業的未來發展策略成形後，功能性政策亦需要配合調整。例如，統一超商於民國七十年成立，原先接受合作夥伴美國南方公司之建議，以「社區、家庭主婦」為主要之產品市場定位。經營數年後，發現在該定位下所開出來的店，集客力很弱，店質非常不理想。因此，它重新調整策略，將產品市場定位在「幹道邊、過路客」，提供該市場區隔中顧客所需要之便利商品。配合這項策略的改變，統一超商調整行銷政策，包括銷售的產品內容以速食、急

用之便利商品為主，並改變廣告訴求，強調方便自在的購物環境。這些做法，使得統一超商的新策略具體顯現出其價值，而得到很大的成功。

■組織結構的調整

組織結構基本上包括水平與垂直兩個層面：水平指的是各部門業務的劃分方式；垂直則是上下兩個層級間，權責及各單位績效評量指標的界定。當企業策略改變後，組織結構亦應追隨策略配合調整，才能使每一位成員的作為都符合策略的要求。例如，當企業走向國際市場，組織亦需要配合調整，加強分工與授權，才能支援遼闊的世界地理版圖。

■作業系統的改變

作業系統指的是，企業經營流程中，從原料投入、生產製造、包裝倉儲、實體分配，到端點銷售等整個作業過程。企業的策略改變後，作業系統亦應隨之改變。例如，宏碁公司採行國際化策略後，配合各地需求，改在當地裝配；統一超商配合「便利」的定位後，改變商品陳列的方式與內容，都是作業系統配合策略改變所做的調整。

■企業文化的重塑

企業文化泛指企業內部成員間的共識、禮儀、氣氛與規範。當企業的策略改變後，組織內部亦應重塑新的文化，方能符合實際的需要。例如，某一企業準備走向國際化時，必須在組織內部同時塑造國際化的文化，讓每一位成員均有國際化的視野，隨時感受到國際事務的變遷，如此才能讓國際化的策略順利推動。

動態策略規劃

　　策略分析、策略研擬與策略執行，是策略規劃過程中三項基本任務，上一小節簡單介紹了每一項工作大致的內涵。在實務中，企業的發展是一項連續性的任務，必須接續以前的業務，絕不可能凌空進行。因此，策略規劃的工作，通常是以策略現況的確認為起點，透過策略分析的階段，尋找可行的策略方案，經過評估後，選定適當的發展策略，並據以制定企業的功能性政策，調整組織結構、改變作業系統、重塑企業文化，使新的策略構想得以具體落實。

　　動態策略規劃流程，以上述傳統策略規劃流程為架構，增加一些以九說為基礎所發展出來的分析工具，和傳統的策略規劃相比，主要不同之處有五：

1）運用策略三構面描述策略現況與未來策略。

2）運用九說檢測目前企業所面臨的優勢、劣勢、機會與威脅。

3）透過九說建構四個競技場，藉以分析各廠商之間的相對競爭地位。

4）分析各個企業在四個競技場上的互動狀況，藉以尋找未來可能的競爭策略，同時進一步研判，基本的策略邏輯是否會有根本的改變。

5）運用九說來檢測每一項可行方案。

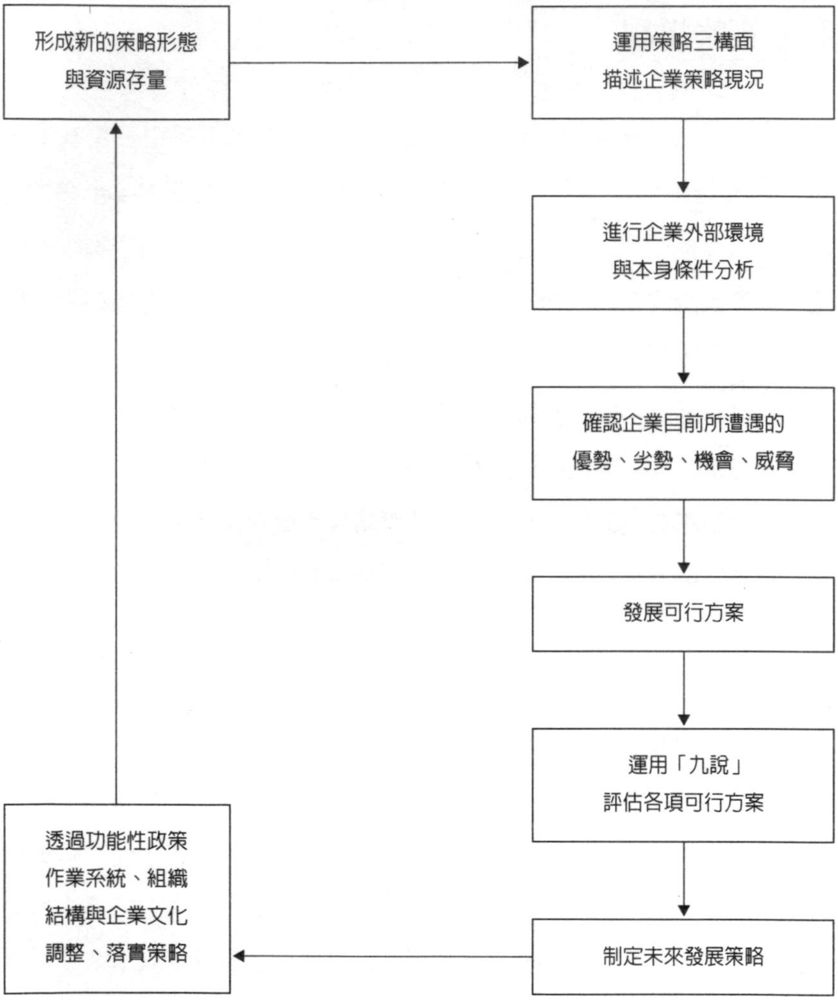

形成新的策略形態
與資源存量 → 運用策略三構面
描述企業策略現況

進行企業外部環境
與本身條件分析

確認企業目前所遭遇的
優勢、劣勢、機會、威脅

發展可行方案

運用「九說」
評估各項可行方案

透過功能性政策
作業系統、組織
結構與企業文化
調整、落實策略 ← 制定未來發展策略

圖10‧2　動態策略規劃流程圖

策
略
九
說

描述策略構面

「範疇、資源、網路」三個構面，可以簡單清楚的描繪企業目前的營運狀況，企業在進行策略規劃工作時，首應掌握這三個構面。例如，某家電腦公司的策略，是以生產主機板為主，銷售給全世界的電腦大廠。目前，它扮演的是OEM的角色，工廠主要在亞太地區，營業額則已超過五億元台幣。該公司目前主要的核心資源，包括精密的製程設備及豐富的製程技術專利。在經營過程中，該公司和CPU供應廠商維持良好的關係，但在整體生產體系中，仍處在邊陲地帶。這些策略內容，可用**表10‧2**很清楚的表達出來，同時，可藉此思考各種可能的未來策略，表10‧2中右欄所列舉的只是其中的一種可能。

表10‧2　策略構面變化對照表

策略構面	現　　況	未　　來＊
營運範疇 ‧產品市場 ‧活動組合 ‧地理構形 ‧業務規模	主機板／世界電腦大廠 OEM 亞太地區 5億	主機板之組裝系統／機構 ODM 全球 10億
核心資源 ‧資產 ‧能力	製造設備 製程技術專利	品牌 設計能力
事業網路 ‧體系成員 ‧網路關係 ‧網路位置	CPU製造商 強 邊陲	電腦銷售通路 增強 核心

＊：未來策略只列舉變動部分

檢測外部環境與本身條件

企業清楚理解目前的經營策略後，可以運用九說的理念，評估企業所面臨的優勢、劣勢、機會與威脅，亦即運用「構面／本質」矩陣，逐一深入檢測目前的策略是否得宜。

例如，以某一家電腦公司為例，目前主要的產品線為主機板。運用九說，我們可以提出許許多多值得進一步思考的問題，檢測這項策略是否恰當。

- 目前公司生產的主機板，是否能夠帶給顧客所期望的價值？顧客的認知價值與購買標準是否有明顯的改變？（價值）
- 在目前的價值活動中，哪一項活動和主機板產品最有關聯？該項活動之運作情況理想嗎？（價值）
- 目前主機板生產的數量是否達到最適規模？增加產量是否有助於成本的降低？（效率）
- 目前主機板的生產是否有明顯的經驗曲線？企業目前是否已善用這項效果？（效率）
- 目前主機板的生產產能是否有剩餘？如何充分運用該項剩餘，以發揮範疇經濟？（效率）
- 目前公司在產銷主機板的過程中，是否創造並累積了部分核心資源？是否有必要創造新的核心資源？（資源）
- 目前公司在產銷主機板的過程中所形成的核心資源，是否妥善的

加以維持，並能夠有效運用？（資源）

- 目前主機板市場是否面臨強烈的競爭？是否有潛在的競爭者會加入？是否會有替代品出現？（結構）

- 目前公司生產主機板所面對的上下游廠商分別是誰？這些廠商的議價力量強嗎？（結構）

- 目前主機板市場的競爭已成為零和競局了嗎？各競爭廠商間的實力與耐力情況大致如何？（競局）

- 目前主機板市場是否出現合縱連橫的狀態？這種狀態對本公司有利嗎？（競局）

- 目前公司在主機板產銷過程中，主要的技術、資金與通路的事業夥伴是誰？是否可以改變彼此間的合作關係，以降低交易成本？（統治）

- 目前公司在產銷主機板過程中，零件供應商是誰？主要的銷售通路為何？是否可以改變彼此間的合作關係，以降低零組件的生產成本與交易成本？（統治）

- 目前公司在產銷主機板過程中所形成的事業體系，是否有助於產品價值的提高？（互賴）

- 目前主機板市場中，主要的事業體系有哪幾個？哪一個體系較佔優勢？公司在目前所處的體系中，所佔的位置是否恰當？（互賴）

- 主機板市場的未來發展看好嗎？經營風險是否很大？（風險）

- 目前生產主機板是否形成很高的資源僵固性？退出障礙很高嗎？（風險）

- 公司目前主機板產品是否符合大環境發展的潮流？最大的差異在哪裡？（生態）

- 主機板產品標準是否會改變？公司目前的產品是否有存活的空間，未來的產品能符合新標準的需要嗎？（生態）

    以上所列的只是較具代表性的幾個問題，認真的讀者會發現，運用情境（環境／條件）檢測矩陣（如**圖10‧3**），可以列出的問題多達上百個，足以涵蓋策略規劃過程中所有值得關心的課題。

情境 本質	外在環境分析				內在條件分析		
	顧客	競爭對手	產業分析	大環境	經營績效	價值活動	組織優劣勢
價　值							
效　率							
資　源							
結　構							
競　局							
統　治							
互　賴							
風　險							
生　態							

圖10‧3　情境檢測矩陣

解析競爭局勢

　　企業在規劃未來的經營策略時，除了考量本身的條件外，還應從動態的觀點，分析本企業和競爭者之間的互動關係。尤其是最近幾年來，產業中環境變動快速，技術創新頻率高、產品生命週期短，傳統的競爭優勢已不能提供長期經營的安全保障。如何從彼此的互動過程中，在不同的競技場上尋找各種可能的攻擊或防禦策略，是策略規劃過程中更重要的課題。

　　本書所提出的九說，是說明策略的本質與邏輯，這九個邏輯可歸納成四個不同的競技場。運用這四個競技場，可以描繪出策略演變的脈絡，以及各廠商間的互動關係。

■「價值／效率」競技場

　　在最終生產階段，各個廠商在市場中的競爭是價值與效率的對抗。有的廠商致力提高產品在顧客心目中的認知價值，有的廠商設法發揮最高經營效率，以低廉的價格打敗競爭者。在企業發展歷程中，每家廠商都會嘗試調整本身的定位，以取得優勢。若能兼具「有價值／高效率」的優勢，自然可形成較佳的領先地位。當然，如果每家廠商都已達到這個境界，則代表此階段的競爭告一段落，大家又都回到原點，競賽必須重新開始了。

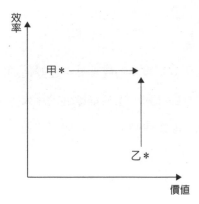

圖10‧4　「價值／效率」競技場

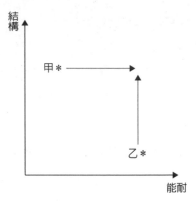

圖10‧5　「能耐／結構」競技場

策
略
九
說

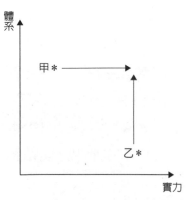

圖10‧6　「實力／體系」競技場

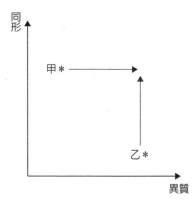

圖10‧7　「異質／同形」競技場

■「能耐／結構」競技場

　　在企業基本經營條件層次，廠商間的競爭是結構障礙與資源能耐間的流轉。有的廠商憑藉本身打造的組織能耐，維持競爭優勢，這份能耐其實是效率、價值與資源三者的混合；有的廠商則依賴結構障礙與競局卡位，佔到較佳的位置。吾人可以理解，企業建構雄厚的組織能耐後，如果不能轉換形成適當的進入障礙，則本身所擁有的核心資源，很快便會流失或遭模仿，對企業而言，不會帶來太多的超額利潤。同樣的，企業在某時段中，因為某些原因，可能擁有結構獨佔的優勢，但是，如果不能善用這段期間，努力厚植本身的核心資源，則結構終有重組的一天，企業曾擁有的超額利潤亦會隨之消失。因此，企業應透過各種可能的策略作為，盡量將本身的定位向「結構／能耐」競技場的右上角移動，才能形成持久不敗的競爭優勢。

■「實力／體系」競技場

　　從更寬廣的產業族群觀點，企業間的競爭是決定於企業個體的實力與耐力，有的企業實力雄厚，禁得起長期的消耗戰，獲勝的機率自然較高；有的企業耐力較差，無法承受長期虧損，則中途棄守的可能性便提高了。這份實力，一部分來自本身努力打造的能耐，還有一部分則是因結構卡位而得到的，可以說是前一個競技場中兩個軸面的累加。

　　除了實力與耐力外，企業間的競爭還決定於體系間的對抗。本企業所隸屬的體系如果是產業的主流，體系成員間的合作關係又很良好，競爭優勢自然便提高了。在實務中，很多廠商間的聯盟（如**圖**10‧4中的

甲），往往是爲了對抗產業中的超級巨人（如圖10‧4中的乙）；反之，有的企業亦會倚恃本身的高超技藝，而願意孤軍對抗群雄，如圖10‧6中的乙便是一例。當然，最理想的情況是，一方面本身擁有較佳的耐力與實力，一方面又和相關企業形成良好的聯盟關係，最能確保企業的競爭地位。換言之，企業必須不斷向「實力／體系」競技場的右上角移動。

■「異質／同形」競技場

在傳統企業經營的理念中，企業必須表現特異，才能出人頭地。前面所述各項邏輯（價值、效率、資源、結構、競局、統治、互賴）等，均是在指導企業如何凸顯出個體的特異之像與剛強之美。一般而言，企業依循前面邏輯所形成的特異化程度愈高，所得到的超額利潤愈多。

但是從更寬廣的環境來看，企業是處在一個開放的系統中，如果要長期生存，就必須盡量維持和環境同形，有時候過於特異，常無法爲環境所接納，反而可能會遭到滅亡的命運。老子常言「守柔曰強」、「柔弱勝剛強」，約略可以表達出同樣的意境。因此，企業如何在追求特異的同時，仍然能夠維持同形的表象，是重要的策略課題，風險說和生態說都在彰顯這樣的意念與邏輯。從企業永續經營的觀點看，最理想的情況當然是向「異質／同形」競技場的右上角移動。

重塑競技場

從前一節的討論中，讀者可以發現這四個競技場所涵蓋的時空範圍

不同，好似伸縮鏡頭由近漸遠。每一家企業均同時在上述四個競技場中彼此競爭，透過這四組競技場分析，可以清楚的表達企業策略的脈動，以及各企業間的互動關係，是體現動態競爭策略很好的分析工具。

運用「競技場」分析，除了可以顯現企業間的競爭態勢、思考未來的策略走向外，最值得策略經營者關注的是，在動態競爭的環境中，既存的遊戲規則是否會改變，形成一個和先前完全不同的競技場。

所謂改變遊戲規則，簡單而言，即是形成一個不同意涵的競技場。例如，在「價值／效率」競技場上，傳統的鐘錶業是以精準做為最大的價值訴求，而熟練工人則是提高鐘錶生產效率的主要關鍵；在現代鐘錶業中，電子錶的出現，使得傳統的精準不再是顧客所關注的價值來源，而造型變化可能是更主要的訴求；另一方面，由於電子錶的裝配多依賴機器設備，而非熟練工人，因此，依循比較利益法則，在全球各地尋找適當的廉價勞工，才是效率的主要來源。

從鐘錶業的案例中可知，現代鐘錶業者已根本改變了價值與效率的內涵，形成另一個完全不同的競技場。這種毀滅性創新的力量，往往使得企業間的競爭地位產生根本的改變。企業要避免這種形勢的出現，最好的辦法便是，主動掌握遊戲規則演變的動力，不斷的自我超越，主導典範的轉移。在動態競爭環境中，每一個企業都應隨時謹記，自己才是最大的競爭敵人，能夠不斷超越自我，才能永遠確保成功的關鍵。

評估策略方案

企業在進行策略規劃時，經過環境與條件分析，以及競技場分析

後，必會出現許多新的可行方案，策略決策者亦可運用九說來評估每一個可行方案。例如，某一家公司準備擴充國外市場，依循九說的論點，我們可以提出下列一連串的問題來評估這個可行方案：

- 該國外市場是否有顧客的期望價值未被滿足？（價值）
- 要滿足顧客的期望價值，較須重視哪幾項價值活動？（價值）
- 配合國外市場的開發，核心技術是否有明顯改變？企業運作法則是否有所不同？（效率）
- 市場擴大後，是否有助於規模經濟的實現？（效率）
- 開發國外市場是否能充分實現範疇經濟利益？（效率）
- 開發國外市場是否能發揮學習曲線效果？（效率）
- 開發國外市場是否能充分運用既有的核心資源？（資源）
- 開發國外市場是否需要創造新的核心資源？（資源）
- 開發國外市場是否有助於核心資源的累積？（資源）
- 國外市場目前的結構狀況為何？該市場是否有明顯的獨佔利潤？（結構）
- 新市場中有利的位置與關鍵資源為何？如何能持續維持該市場的獨佔結構？（結構）
- 新市場的進入障礙是否很高？應採行何種進入策略較佳？（結構）
- 在新市場中，主要的競爭者為何？次要的競爭者為何？（競局）
- 各企業間的實力與耐力有何差別？本企業勝算的機會有多少？（競局）

· 在新市場中是否有合縱連橫的機會？應如何形成較佳的三位體關係？（競局）

· 開發國外市場是否需要新的資源？這些資源應如何取得較有效率？企業應選擇哪些企業做為資源的供應夥伴？（統治）

· 新市場中是否有不同的聚落？本企業應如何形成一個最佳的事業網路體系，或加入某一體系，以共同爭取環境的資源？（互賴）

· 在事業網路體系中，本企業所處的網路位置是否很理想？應否做適當的調整？（互賴）

· 國外新市場的經營風險是否很大？企業應採行哪些作為，以維持核心技術的安定，並提高策略彈性，以增加轉型機會？（風險）

· 開發新市場是否有助於分散經營風險？（風險）

· 新市場中是否有特殊的體制環境？企業應如何調整本身狀況來和環境同形？（生態）

· 在新市場中應如何善用當地資源，以擴大生存利基？（生態）

· 在國外市場中應如何採行生命繁衍策略，以確保企業的永續生存？（生態）

以上這些問題只是舉例說明，評估進入外國市場時幾個值得關心的重要課題。如果我們熟悉策略九說的內容，還可以問出更多更深入的問題。策略決策者如果能夠善用以上這些工具，對於策略規劃一定會有很大的助益。

一致性檢測

筆者在第一章便提到,「範疇─資源─網路」三構面是需要緊密結合的,因此,進一步評估各構面的一致性,亦是評估策略方案時重要的課題。所謂的一致性之檢測,具體言之即是現有資源能否支持新範疇的發展,現有的合作網路能否帶來新的資源,現有的範疇是否能增加新的合作夥伴,另一方面,更值得關注的則是三者未來的方向是否在同一個方向上。

結 語

最近幾年來,外在環境變化快速,策略規劃工作更為一般企業所重視。在實務工作中,策略規劃並沒有標準典範,筆者以九說為基礎所建議的動態策略規劃程序,由於有較豐富的理論為基礎,對規劃過程中所需要的細密思考可能會有一些幫助。事實上,動態策略規劃程序已總結了九說中最有實用價值的部分,這些部分包括:

1) 運用策略三構面描述策略現況,並做為思考未來策略的基礎。
   (表10‧2)
2) 運用策略九說檢測環境與條件,發掘機會、威脅,並確認本身的
   優劣勢。(圖10‧3)

3）運用四個競技場解析競爭態勢。（圖10‧4～10‧7）

4）運用「構面—本質」、「類型—本質」關聯圖（圖0‧9～0‧10），評估各個可行方案。

5）評估「範疇」、「資源」、「網路」三個策略構面間之一致性。

運用「四競技場」分析動態競爭策略

　　「策略九說」所陳述的是九種策略本質與邏輯。每一種策略本質，都是源自社會與經濟現象的深刻觀察，並運用經濟學與社會學等發展較成熟的理論，所歸納而得的策略管理學的理論基礎。任何一項策略本質都有其自身之策略分析邏輯，可以分別幫助決策者澄清外在環境及客觀條件與策略決定之間的邏輯關係。雖然這些策略本質能分別協助決策者釐清事實資料，進行有條理的思考，但是在近年來許多產業處於技術創新頻率高、產品生命週期短等快速易變的大環境中，決策者有必要進一步澄清本企業和競爭者間的動態關係。九說中任一個別的分析邏輯，均無法提供足夠的分析內涵，協助決策者釐清此種動態關係。這是因為企業間的動態競爭是一種跨時段的互動關係，企業間每一次的交手，所引動的策略本質並不完全相同，使得各項策略本質不但會隨著時間出現不同的組合，而且各策略本質間將會相互影響，進而產生新的邏輯關係。

　　「四競技場」的提出，就是嘗試從「策略本質互動」的角度，將「策略九說」串連在一起，建立起各種可能的邏輯關係。換言之，「四競技場」的分析架構，是以「策略九說」為基礎，來描繪企業之策略演變與企業間策略互動的動態脈絡，並協助企業決策者在不同層次競技場

中解析競爭局勢的工具。

「四競技場」的分析架構

　　「四競技場」的基本分析架構，已在第十章的解析競爭局勢一節中有所說明，於此則更進一步闡釋其內涵。「四競技場」分別由四組兩個面向，包括「價值／效率」、「能耐／結構」、「實力／體系」以及「異質／同形」所構成，各個組合的兩面向可表示成兩座標軸。其中每一面向的背後，均包含一個至數個策略本質。除了「價值」與「效率」面向就是九說中的價值說與效率說之外，「能耐」面向結合了價值說、效率說及資源說等與競爭力有關的三個策略本質，呈現企業資源累積的外顯力量；「結構」面向隱含了結構說及競局說兩個與市場結構有關的策略本質，呈現企業間在某一時點的相對獨佔地位；「實力」面向是一個綜合性的概念，包括「能耐」與「結構」兩個面向下所涵蓋的五說；「體系」面向涵蓋了統治說及互賴說兩個與企業夥伴關係有關的策略本質，這兩個面向呈現出企業在個體競爭優勢與集體合作力量間的權衡；「異質」面向則是累加了前述各個面向下的七個策略本質；至於「同形」面向則是依循風險說與生態說所彰顯的企業受大環境規範的命定本質。這兩面向呈現出企業決策時同中求異、異中求同的特質。換言之，八個面向與「策略九說」之間的關係層次分明，其間之關係可繪如右圖。

　　將這八個面向做適當地搭配，即構成「四競技場」。在最終產品市場競爭的層面上，企業間的產品銷售可在「價值／效率」競技場上一較

分析單位　　　　　　策略邏輯

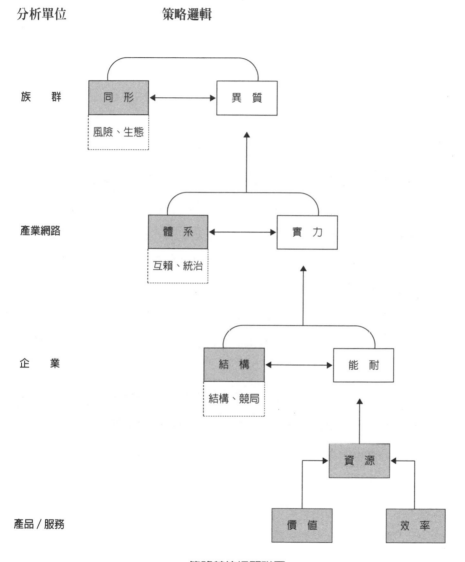

族　　群

產業網路

企　　業

產品／服務

同　形
風險、生態

異　質

體　系
互賴、統治

實　力

結　構
結構、競局

能　耐

資　源

價　值

效　率

策略競技場關聯圖

高下；在企業基本經營條件層面上，企業間的定位差異可在「能耐／結構」競技場上有所區別；在產業網路觀點上，企業體系的合作對抗關係可在「實力／體系」競技場上呈現出來；最後，「異質／同形」競技場則刻劃出企業經營時，在生存環境中所必須追求之族群同形。換言之，這四個競技場，所呈現的是由企業內部到整個經營大環境，企業間相互合作競爭的四個舞台。

「四競技場」可做多種不同的應用，它可以在特定時點上做分析，也可以了解不同時點間的趨勢關係。在任一特定時點，決策者可分別繪出自身與競爭者在這四競技場的位置，其中的相對位置將清楚指出自身與對手間的優劣勢關係。若將企業自身長期以來，各個時點之策略相對位置在四競技場上連結起來，所呈現的則是企業在各策略本質上的努力成果。另外，若將競爭者過去所執行的策略軌跡也繪於四競技場中，除了可以了解競爭者策略習性、自身與競爭者間的策略互動歷史外，還可以幫助決策者預測競爭者下一個可能的策略相對位置，以做進一步策略決策。

在以上各種可能的應用中，最令人感興趣的當屬預測競爭者下一個可能的策略相對位置這項議題。競爭者下一個可能的策略相對位置，最終將決定於兩項變數：一項是存量，即競爭者的策略歷史；另一項是流量，即競爭者接下來的策略行為以及競爭者彼此間的互動行為。其中，競爭者的策略歷史除了可繪於「四競技場」上，以顯示競爭者的策略習性，猜測競爭者接下來的策略行為外，由競爭者的策略歷史，還可推估競爭者長期策略行為所累積的能量，而這些能量將成為競爭者未來策略行為的動力。再者，這些能量在未來所可以釋放的策略方向，將反映在

競爭者各個面向間的交互影響上。「四競技場」的分析，可以分析各個面向間的交互影響，進一步將這些能量所可能釋放出的策略行為，分別刻劃在四個競技場上的相對位置。以下將進一步說明各個面向間的交互影響的類型與邏輯。

策略本質互動的類型與邏輯

在以上各面向與策略九說間層次分明的關係中，可將各個面向間的交互影響，劃分成三類：直接效果、回饋效果以及相乘相斥效果。所謂直接效果，就是「策略競技場關聯圖」中底層對上層的影響效果；而回饋效果的方向剛好與直接效果完全相反；至於相乘相斥效果，則是在各個競技場上，兩相對應的面向間相互影響之效果。針對各類型效果，以下分別說明其中可能的命題：

直接效果

1.（價值→能耐）企業的產品若具有不可替代的價值優勢，可帶來品牌知名度，形成重要關鍵的能耐。

2.（價值→結構）企業的產品若具有不可替代的價值優勢，將會形成重大的進入障礙。

3.（價值→體系）企業的產品若具有不可替代的價值優勢，將容易找到事業夥伴，形成有競爭力的產業體系。

4.（價值→同形）企業所創造的價值若能夠形成風潮，造成同業相繼模仿，則可能形塑產業標準。

5.（價值→同形）企業所創造的價值若不能成為產業標準，則本身將日漸孤獨，反有被淘汰的可能。

6.（效率→能耐）企業如果能夠持續不斷的提高效率，將可形成重要的能耐。

7.（效率→結構）企業所達成的規模經濟、學習曲線及範疇經濟皆會強化廠商的結構地位。亦即會形成重大的進入障礙，強化與同業的競爭能力及對上下游廠商之議價能力。

8.（效率→同形）某一企業效率的提升，經彼此廠商間的相互模仿，會形成新的產業標準。

9.（能耐→同形）企業建構的能耐，經彼此廠商間的相互模仿，會形成新的產業標準。

10.（體系→同形）企業透過體系之力量，有助於技術標準及產業生態的形成，也有助於消費者主流價值的形成，更有助於體制環境的重新塑造。

回饋效果

1.（能耐↓價值）企業的核心能耐越強，越能增加其產品的價值優勢。亦即企業所累積的核心資源越多，透過核心資源之運用，有助於產品的多元化；企業之無形資產（品牌、聲譽）可增加其產品的價值優勢；企業之有形資產（如辦公大樓、雄厚的資源）有助於廠商形象，進

而提升產品的價值優勢；企業之個人能力與組織創新研發能力有助於產品價值的創新；廠商對於客戶的了解（顧客資料庫）有助於產品價值的創新；廠商擁有較佳的運籌體系與維修資料庫（能耐），有助於提供給顧客更完善的服務。

2. （能耐↓效率）企業的核心能耐越強，越有助於生產效率的提升。亦即企業擁有較佳的組織能力與個人能力，有助於生產效率的提升；企業擁有先進的生產流程，有助於生產效率的提升；企業建立全球運籌體系能使得配銷更具有效率；企業擁有較佳的學習能力，將能更迅速的運用學習曲線，以提升效率。

3. （結構↓效率）企業若能在結構中先取得好位置，在後進者加入之前，將可先實現規模經濟、學習曲線等效率優勢。

4. （體系↓價值）企業透過合作體系（夥伴）的配合，能夠提供更完整的產品或服務，提升產品與服務的品質，並創造產品之差異化，以滿足顧客的需求。

5. （體系↓效率）企業透過體系的建立，可以降低交易成本、減少庫存，提高生產效率。

6. （體系↓效率）企業透過體系之間的合作分工，使得各個合作廠商能夠專注於本身的核心價值活動，並達到經濟規模，進而提高生產的效率。

7. （體系↓效率）企業透過體系之間的合作夥伴，較易實現範疇經濟。

8. （體系↓結構）企業透過體系的力量，可以提升對下游廠商的議價能力；減少同業的競爭強度，縮減某一同業的生存空間；提升對上游

供應商的議價能力。

9.（體系↓結構）企業可以運用「三位體」定理，透過策略聯盟，形成局部性的結構優勢。

10.（同形↓價值）體制環境的改變，會使得顧客對於產品價值重新定義；技術標準的改變，會使得顧客對於產品價值重新定義；消費者市場所形成的主流價值會影響廠商在市場中的地位。

11.（同形↓效率）產業生態的改變，會使得追求效率的遊戲規則轉變。

12.（同形↓能耐）產業遊戲規則的改變，會使得企業創造能耐的遊戲規則也隨之轉變。

13.（同形↓結構）產業生態的改變，會使得產業結構地位重組。

14.（同形↓體系）產業生態的改變，會使得企業的合作網路瓦解。

相乘相斥效果

1.（價值／效率）企業追求產品價值提升時，往往必須增加支出，而使成本提高，反之亦然。

2.（價值／效率）企業在以下幾種情形中，可以同時追求價值與兼顧效率：A.企業透過將產品簡化或將產品重新定義（也就是犧牲了部分的價值），而使得產品更加便宜，同時用省下來的成本創造其他消費者更需要的價值；B.廠商所創造的價值，在社會上形成一種風潮，而使得銷售數量大增，對廠商而言則更易達到規模經濟；C.技術的進步（革命

性的製程創新）使產品功能與產生效率同時提高。

3.（能耐／結構）企業應採用適當的方法保護核心資源，才能形成阻礙機能，建立獨佔地位。企業保護核心資源的方法有四：A.將核心資源成文化，並成爲法律可以保障的智財權形式；B.在企業內發展互補性資源，使核心資源無法直接被模仿；C.將核心資源的建構融入日常作業與企業文化中，使外人無法清楚的理解資源的建構過程；D.持續不斷的增加核心資源。

4.（能耐／結構）產品價值、運作效率的提升及本身核心資源的強化，以及稀有資源的掌握，均能增加企業本身的獨佔地位，提升對同業及上下游的議價力量。

5.（能耐／結構）企業的核心能耐愈高，對上下游廠商之議價能力愈強，同時會增加他人之進入障礙，降低自己之進入障礙。

6.（能耐／結構）企業優先進入某一市場區隔，往往能夠掌握稀少資源，建立顧客心目中的品牌知名度。

7.（能耐／結構）企業佔有獨佔地位後，將能帶來較高的超額利潤，使企業有充裕的空間來發展本身的能耐。

8.（實力／體系）企業的實力愈雄厚，愈易吸引其他廠商與其合作，形成良好的合作網路關係。亦即企業創造產品價值的實力愈雄厚，愈容易尋找良好的合作夥伴；擁有愈高的生產效率，愈容易尋找良好的合作夥伴；核心能耐愈強，則愈容易尋找良好的合作夥伴；結構地位愈佳，則愈容易尋找良好的合作夥伴。

前述各項命題，已將各個面向間的交互影響，具體摘要的呈現出

來。這些命題的陳述,除了可以用來了解競爭者過去所累積的能量水準外,還表示「策略九說」中的任一項策略本質思考,絕不僅限於在該策略本質上發揮出來,而是會有多重的效果產生。此種發酵的過程,可以利用四競技場有條理地呈現出來。

最後,從以上命題的陳述中還可以發現,「價值/效率」競技場在企業經營時,扮演著相當關鍵的角色。其原因在於「價值/效率」競技場位居整個架構的最底層,一旦企業在這兩個面向上執行策略有成效,其他面向亦得到支持。當然,強調「價值/效率」競技場並不意味其他幾個競技場不重要,聰明的決策者在思考策略時,必須在腦海中同時浮現這四個競技場,並推衍每一項作為所可能產生的聯動關係,才能得到最適當的策略建議。

——本文為國科會專題研究計畫「動態環境中的競爭策略」（NSC87-2416-H-004）之部分成果

策略的哲學觀

前面各章嘗試說明策略九說的內容，以及策略九說、策略構面、策略本質與策略規劃程序彼此間的互動關係，相信讀者對九說的內容與策略規劃的實作已有較整體的認識。有關九說的理論，值得深入探討的還很多，限於時間篇幅，只能就此打住。最後，筆者擬對這些理論背後隱含的哲學觀加以簡單的說明，做爲全書的結語。

策略的利潤觀

大家都知道，任何一個企業的經營，均以「生存、利潤與成長」爲其基本目標，企業各項的策略作爲，均必須和這些目標發生關聯，才有實際的價值。因此，透過利潤來源的分解，亦可以讓我們對策略的邏輯有進一步的了解。以下便先從這個觀點，說明九說的哲學觀。

企業的利潤，簡單的說就是營業收入減營業成本，企業如果能夠增加營業收入，或是降低營業成本，都有助於利潤的提高。因此，企業的經營策略及其背後的邏輯與本質，必定和增加營業收入或降低營業成本

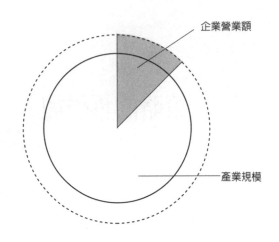

企業營業額

產業規模

〔說明〕：虛線表示五年後預測

圖1　產業規模與企業營業額示意圖

有直接關係。

　　進一步分析，企業的營業收入決定於其所處的產業規模大小，以及在這個產業中所佔有的市場大小。前者受到經濟環境與產業環境的影響，後者則決定於企業的相對競爭地位。如圖1所示，企業所處的那塊「餅」的大小，以及在這塊餅中所分配到的比例，決定了企業的營業收入。其中，企業的相對競爭地位，可能來自於企業在產業中所處的特殊位置，亦可能來自於本身的特殊條件，前者環境使然的因素較多，後者則多為企業自己的努力。

　　對照前面各章「九說」的意涵，大致可以體會，「生態」和「風險」兩說可用來解釋或預測產業規模的成長與衰退，而產業競爭地位則和「結構」、「競局」、「價值」和「資源」四說有非常密切的關係。換言

之，「結構」與「競局」兩說指導企業如何「卡」到好位置，而「價值」和「資源」兩說則告訴企業如何提高本身的競爭條件。上述這兩大類因素，都有助於競爭地位的提升。

在成本方面，任何一項成本降低，都有助於利潤的增加，是策略決策者應該關心的重要課題。從策略的觀點看，成本是企業用來支付使用各項資源（包括人力、財力、原料、零件、設備、專利各部分）的代價，因此，可以將成本區分成內部資源（生產成本）與外部資源（取得成本）兩部分。就內部成本言，企業如果能夠善用「規模經濟」、「學習曲線」或「範疇經濟」等策略邏輯，必有助於生產成本的降低；就外部成本言，如果能夠減少往來企業間的交易成本，則有助於外部資源取得成本的降低。因此，吾人可以理解，「效率說」主要指導降低內部生產成本的策略作為，而「統治」與「互賴」兩說則和外部資源的取得成本有密切關係。

以上的討論可以一個簡單的方程式來表達。

利潤＝營業額－成本

　　＝（產業潛力×市場佔有率）－（內部生產成本＋外部取得成本）

　　＝〔產業潛力×f（位置；競爭力）〕－（內部生產成本＋外部取得成本）

　　＝（「生態」；「風險」）×f（「結構」、「競局」；「價值」、「資源」）－（「效率」；「統治」、「互賴」）

透過利潤的分解，可以理解企業的利潤，部分來自於外部既定的環境因素，部分則來自於企業本身的努力。從這些層面分析，可以掌握企業利潤的來源，亦有助於釐清「九說」間的相互關係。筆者對九說的介紹，事實上是依循這樣的順序。

圖2完整顯示影響企業利潤的各項因素，從企業本身最不可控制的環境因素，到企業可以完全自主的經營能力，中間還包括因為「卡位」所得的獨佔利潤，以及因為合作體系整體成功所帶來的體系利潤。筆者將這些影響企業利潤來源的因素，分別命名為環境效應、體系效應、位置效應與經營效應，由以上的命名亦可以理解九說哲學意涵。當然，分解利潤的方式如果不同，各個策略理論的相互定位亦可以有不同的表達

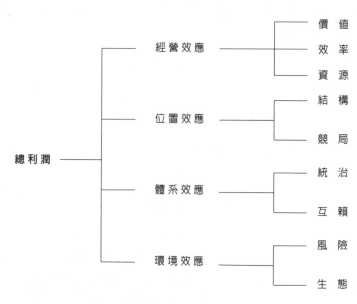

圖2 九說哲學觀──利潤來源觀點

方式。讀者可嘗試用其他的方式來分解利潤，並重新定位九說。

策略的時空觀

除了利潤來源外，吾人亦可以從觀察對象與觀察時間的長短，來理解策略理論各學說。事實上，每一個學說對組織和經營的認知，在時間與空間上其實有極大的不同：在分析單位（空間）方面，部分學說是從巨觀（族群）角度觀察，例如，生態說是考量大環境的趨勢，結構說是分析全產業的特質；部分學說則從微觀（個別企業）角度切入，例如，

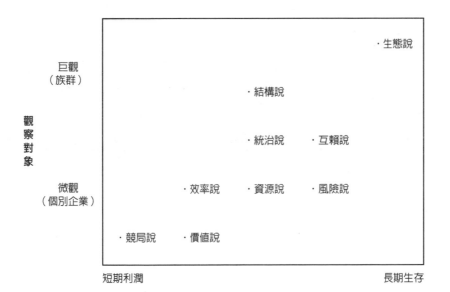

圖3　九說在時空構面上的相對定位圖

競局說特別強調個別廠商間之爭戰，而價值說則著重企業內部價值活動與產品市場定位的重組。換言之，以族群角度觀察所形成的策略邏輯，適用於說明全產業的一般化現象，而微觀的分析架構則只適用於個別企業。

在時間幅度方面，有的學說著眼於短期的利潤追求，例如，競局、效率、價值三說都以短期效果之發揮為主要考量；有的學說則從長期的利益來考量，結構、統治、資源、互賴四說大抵是這樣的觀點；而有的學說則關心組織的永續生存，風險與生態二說特別顯現出此特質。各個學說的相對定位可以圖3說明之。策略決策者在選用這些策略理論時，應特別注意決策情境的特徵，評量各個學說的適用時機。

策略的哲學觀

在實務中，研讀企業管理理論的朋友們，偶爾會有這樣的感慨：很多企業的成功不是靠努力經營得到的，而是靠某些偶然或運氣。從前面利潤來源的分解過程中，我們確實可以感受到，企業的成敗，一部分來自於策略決策者精明的算計，一部分來自本身長期的執著與努力，而有一部分則決定於天命。「算計、執著與宿命」代表著三種不同的哲學觀，「九說」的理論對應於不同的利潤來源，自然亦反映出不同的哲學理念。

根據筆者對各說的理解，價值、效率、競局三說所建議的策略邏輯，是企業主持人完全可以操控的，因此，策略為企業帶來的利益大

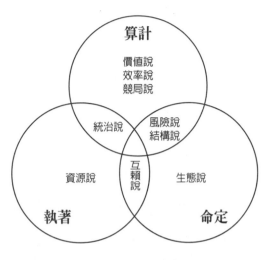

圖4 策略九說的哲學理念

小，完全取決於決策者的算計能力。如果決策者能周延的掌握情境資訊，有效的運用智慧與巧思，便能爲企業帶來最大的利益，是最傳統的算計哲學；資源說強調，企業以持續執著的努力來累積核心資源，形成長期不敗的競爭優勢，顯現典型的執著哲學；生態說則認爲，企業的生死是由大環境主宰的，是典型的命定理念。

　　另有一些學說的埋念是折衷觀點，例如，統治說一方面延續資源說的理念，認爲資源的累積非常重要，但另一方面又嘗試經由適當的網路安排與交易管理，來降低交易成本，因此是介於算計與執著之間。而互賴說一方面承認企業網路體系存在於產業社會中的事實，一方面又認定長期維持良好的網路關係，其實對企業經營是有實質的幫助的，可以說是「命定」與「執著」兩個理念的綜合。又如風險說與結構說，前者強

調外部環境經營風險對企業的根本影響，後者說明產業結構對企業經營的主導力量，均顯示典型的命定哲學，但是，在實務經驗的累積中，企業已知道如何透過適當的策略作為去操弄改變產業的結構，並知道如何適當的回應環境帶來的風險，因此，筆者將其定位在「算計」與「命定」之間。

在不同的產業、不同的決策者心目中，這三種哲學觀其實佔有不同的比重，對於各項學說的適用程度自有不同評價。從經營管理的觀點看，減少命定成分，增加人為可控制部分，是企業學術界和實務界大家共同努力的課題。從前面所介紹的內容看，這項努力已得到初步成果。例如，被經濟學視為外生變數的產業結構，早已成為企業策略操弄的重點。而在過去企業經營者認為很難掌握的外在環境風險、生態方面，亦有了適當的回應方式。其他策略理論中所提出的經營課題，亦隨著人類知識與創意的增加，而有了更好的回應方式。但是，企業畢竟是存在於一個開放系統中，要能夠完全操弄外部環境，讓企業經營的課題完全掌握在經營者的手中，在本質上是不可能的。決策者所能做到的，充其量只是以冷靜的心、縝密的思維去考量每一個細節，但最後的成敗有時也只能看天了。接受這樣的事實，才能讓經營者以更寬廣的視野去面對環境的挑戰。

總而言之，九說所形成的中道哲學（算計、執著、命定三個圈圈的交集），應是企業經營的最佳策略，而其中輕重緩急分寸的掌握，便是最高的決策藝術。無論如何，「精於算計、執著於理想、接受命運的安排」，應是企業經營的重要準則，也是經營者最理想的哲學觀。

參考文獻

【筆者按】

　　爲了便於讀者閱讀，本書將各章中引述之論文註釋，以及各主題中具代表性之著作，集中於書後，供讀者查考。另爲滿足部分讀者對本土企業經營策略研究之興趣，筆者將最近五年來，個人曾經發表過之論文及指導研究生完成之論文題目列於其後，以便讀者參考。參考文獻係外文在前，中文在後，並以年代排列，希望能讓讀者感受到理論演進的脈絡。基於資料蒐集的限制和篇幅的考量，未能完整列示國內外相關學者之全部著作，尚祈讀者見諒。

楔子　策略理論的內涵

吳思華（民 82），〈策略管理的內涵與教學〉，第五屆中華民國管理教育研討會，國立台灣大學主辦。

第 0 章　策略三構面

Barney, Jay B. & Ouchi, William G. (1986), *Organizational Economics,* San Francisco: Jossey Bass Inc.

司徒達賢（民 84），《策略管理》，遠流出版公司。

第1章 價值說

Ohmae, Kenichi (1982), *The Mind of the Strategist,* New York:Penguin books.

Porter, M. E. (1985), *Competitive A dvantage,* New York: The Free Press.

Ohmae, Kenichi (1988), "Getting Back to Strategy", *Harvard Business Review,* November-December.

Aaker, David. A. (1991), *Managing Brand Equity,* New York: The Free Press.

Normann, R. & Ramirez, R. (1993), "From Value Chain to Value Constellation: Designing Interactive Strategy", *Harvard Business Review,* July-August, pp. 65-77.

李叔眞（民 80），〈異業種合作策略類型之研究〉，政大企管所碩士論文。

簡佩萍（民 84），〈在台跨國服務業中本土化策略之研究〉，政大企管所碩士論文。

第2章 效率說

Ansoff, Igor, II. (1965), *Corporate Strategy,* New York: McGraw-Hill.

Chandler, Alfred D., Jr. (1977), *The Visible Hand: The Managerial Revolution in American Business,* Cambridge: The Belknap Press of Harvard University Press.

Chandler, Alfred D., Jr. (1990), "The Enduring Logic of Industrial Success", *Harvard Business Review,* March-April.

Chandler, Alfred D., Jr. (1990). *Scale and Scope – The Dynamics of Industrial Capitalism,* Cambridge: The Belknap Press of Harvard University Press.

羅文倩（民 81），〈國家競爭優勢與國際策略聯盟形成之關聯〉，政大企管所碩士論文。

張情福（民 84），〈生存利基與範疇經濟之互動——以富邦金融集團相關多

角化成長歷程爲例〉，政大企管所碩士論文。

第 3 章　資源說

Prahalad, C. K. & Hamel, G. (1990), "The Core Competence of the Corporation", *Harvard Business Review,* May-June, pp. 277-299.

Nevens, T. Michael, Summe, Gregory L. & Uttal, Bro (1990)，李田樹譯，〈從科技商品化贏得競爭優勢〉，《世界經理文摘》，第五十一期。

Hamel, Gary & Prahalad, C. K. (1991), "Corporate Imagination and Expeditionary Marketing", *Harvard Business Review,* July-August.

Stalk, G., Evans & Shulman, Lawrence E. (1992), "Competing on Capabilities: The New Rules of Corporate Strategy", *Harvard Business Review,* March-April, pp. 57-69.

Hamel, Gary & Prahalad, C. K. (1995), *Competing for the Future,* Boston, Mass.: Harvard Business School Press.

高淑芬（民 82），〈資源特性與合作策略關聯之研究——以資源基礎觀點〉，中興企研所碩士論文。

王美雅（民 83），〈流行產業核心資源與國際化策略之研究〉，政大企管所碩士論文。

呂玉如（民 83），〈跨國企業核心資源之建構策略〉，輔大管研所碩士論文。

吳思華（民 84），〈服務業事業網路策略初探〉，第一屆服務業管理研討會論文集，國立政治大學企管系主辦。

許總雲（民 84），〈服務業中知識資源建構與維持策略之研究〉，輔大管研所碩士論文。

吳思華、許總雲（民 85），〈服務業中知識資源建構與維持策略之研究〉，

第二屆服務業管理研討會，國立政治大學企管系主辦。

許意雯（民 85），〈知識密集產業核心資源之運用與維持〉，輔大管研所碩
　　士論文。

謝俊怡（民 85），〈組織分殖與資源再生策略之關聯〉，政大企管所碩士論
　　文。

第 4 章　結構說

Porter, M. E. (1980), *Competitive Strategy,* New York: The Free Press.

Scherer, F. M. & Ross, David (1990), *Industrial Market Structure and Economic
Performance,* Boston: Houghton Mifflin Company.

第 5 章　競局說

Caplow, Theodore (1986)，丁庭宇、章英華譯（民 77），《權力的遊戲──人
　　際關係中的二對一 (Two Against One)》，台北：桂冠圖書公司。

Rasmusen, Eric. (1989), *Game and Information: an introduction to game theory,*
Cambridge: Basil Blackwell.

McMillan, John (1992), *Games, Strategies, & Managers,* New York: Oxford
University Press.

大村　平著，許金梅譯（民 83），《競賽策略的知識》，建宏出版社。

謝佩紋（民 80），〈競局理論與三位體理論之探討──以三家電視台為
　　例〉，輔大管研所碩士論文。

瞿秀蕙（民 82），〈廠商間競爭互動行為之研究──以北市百貨公司業為
　　例〉，政大企管所碩士論文。

第6章 統治說

Coase, R., II. (1937), "The Nature of the Firm", *Economics* 4, pp. 385-405.

Williamson, Oliver E. (1975), *Markets and Hierarchies: Analysis and Antitrust Implications,* New York: The Free Press.

Williamson, Oliver E. (1979), "Transaction-cost Economics: The Governance of Contractual Relations", *Journal of Law and Economics,* Vol. 22, pp. 223-251.

Williamson, Oliver E. (1985), *The Economic Institutions of Capitalism,* New York: The Free Press.

吳思華（民79），〈交易成本理論及其在企業經營策略與組織管理上之涵義〉，《管理新思潮》，頁109-140，台北：中華民國管理科學學會出版。

廖崇廷（民81），〈資源管理方式與新產品發展策略之關係研究——台灣冷氣機產業為例〉，政大企管所碩士論文。

金剛（民81），〈廠商資源統治方式研究——以台灣冷氣機產業為例〉，輔大管研所碩士論文。

蘇明瑞（民83），〈台灣企業在中國大陸經濟發展中之角色與定位——三邊統治理論之應用〉，政大企管所碩士論文。

吳思華（民84），〈國內產業技術研究機構統治類型之研究〉，《政大學報》，第六十九期，頁165-192。

吳思華（民85），〈企業道德與企業統治權——金融資源、知識資源與人力資源三者間之互動關係〉，第一屆企業文化與道德研討會，國立政治大學商學院主辦。

吳思華、廖崇廷（民85），〈新產品發展歷程中資源統治方式之研究〉，蔡敦浩主編，《科技體制與產業發展》，頁197-231，復文出版社。

第 7 章　互賴說

Banson, J. T. (1975), "The Interorganizational Network as Political Economy", *Administrative Science Quarterly,* Vol. 20, pp. 229-249.

Ouchi, W. G. (1980), "Markets, Hierarchies, and Clans", *Administrative Science Quarterly,* Vol. 25, pp. 129-141.

Oliver, Christine (1990), "Determinants of Interorganizational Relationships: Integration and Future Directions", *Academy of Management Review,* Vol. 15, pp. 241-265.

Nohria, N. & Eccles, R. G. eds. (1992), *Networks and Organizations,* Boston: Harvard Business School Press.

Moore, J. T. (1993), "Predators and Prey: A New Ecology of Competition", *Harvard Business Review,* May-June, pp. 75-86.

吳思華（民 81），〈產業網路與產業經理機制之探討〉，第一屆產業管理研討會，輔仁大學管理學院主辦，修改後收錄於《產業政策與科技政策論文集》，頁 117-151，台灣經濟研究院出版，民國八十五年。

陳可杰（民 81），〈創業投資事業、網路形態與策略選擇之關聯〉，政大企管所碩士論文。

曾紀幸（民 81），〈我國銀行產業網路形成原因、網路位置及對策略選擇關係之研究〉，政大企管所碩士論文。

邱明慧（民 82），〈資訊性資源、網路地位與組織績效關係之研究〉，輔大管研所碩士論文。

許育誠（民 82），〈組織網路特性、網路形態與網路策略之關聯〉，政大企管所碩士論文。

蔡博文（民 82），〈組織間的合作管理方式〉，政大企管所碩士論文。

吳思華（民 82），〈產業合作利益之管理──產業經理機制再探〉，第二屆

產業管理研討會，輔仁大學管理學院主辦。

吳思華（民83），〈產業合作網路體系的建構與維持——產業經理機制三探〉，第三屆產業管理研討會，輔仁大學管理學院主辦。

李韶洋（民83），〈從網路觀點探討多國籍企業之內部控制機制——台灣企業大陸投資之管理〉，政大企管所碩士論文。

陳香君（民83），〈國際化趨勢對廠商網路策略之影響——以勞力密集產業為例〉，輔大管研所碩士論文。

吳思華、陳香君（民84），〈台灣產業國際化歷程中合作網路之演變——成衣業個案研究〉，第四屆產業管理研討會，國立中山大學管理學院主辦。

侯勝宗（民84），〈連鎖服務業合作網路中知識移轉與擴散模式之研究〉，政大企管所碩士論文。

第8章　風險說

Markowitz, M., II (1952), "Protfolio Selection", *Journal of Finance,* March, pp. 77-91.

Thompson, James D. (1967), *Organizations in Action,* New York: McGraw-Hill.

蘇鵬飛（民83），〈經營環境與風險對抗策略之研究——以大陸投資風險為例〉，政大企管所碩士論文。

莫修齊（民84），〈企業類型、經營風險與網路形式之研究〉，政大企管所碩士論文。

呂惠茹（民85），〈虛擬組織形態與環境回應能耐關聯之研究〉，政大科管所碩士論文。

高協聖（民85），〈高科技事業組織學習類型與環境回應能耐關聯之研究〉，政大企管所碩士論文。

第9章　生態說

Hannan, M. T. & Freeman, J. (1977), "The Population Ecology of Organizations", *American Journal of Sociology,* Vol. 82, pp. 929-964.

Pfeffer, J. & Salancik, G. (1978), The External Control of *Organizations: A Resource Dependence Perspective,* New York : Harper & Row.

Aldrich, Howard E.(1979), *Organizations and Environments*, Prentice-Hall Inc.

DiMaggio, Paul J. & Powell, Walter W. (1983), "The Iron Cage Revisited: Institutional Isomorphism and Collective Rationality in Organizational Fields", *American Sociological Review,* Vol. 48, April, pp. 147-160.

Levins, R. (1986), *Evolution in Changing Environments,* Princeton, N. J.: Princeton University Press.

Hannan, M. T. & Freeman, J. (1989), *Organizational Ecology,* Cambridge, Mass.: Harvard University Press.

Buchko, A. A. (1991), *Institutionalization, Isomorphism, and Homogeneity of Strategy,* Bradley University, working paper.

Powell, Walter W. & DiMaggio, Paul J. (1991), *The New Institutionalism in Organizational Analysis,* Chicago and London: The University of Chicago Press.

Moore, J. T. (1993), "Predators and Prey: A New Ecology of Competition", *Harvard Business Review,* May-June.

石瑞金（民80），〈台灣製造業產業生態之研究──以組織生態學觀點〉，輔大管研所碩士論文。

周宗穎（民80），〈產業發展過程與企業策略──族群生態學觀點〉，輔大管研所碩士論文。

韓文彬（民81），〈區域資源、消費形態及零售點經營策略之研究〉，政大

企管所碩士論文。

陳在揚（民82），〈產業環境對合作策略選擇之影響──資源依賴觀點〉，
　　政大企管所碩士論文。

吳思華、陳在揚（民82），〈產業環境對合作策略選擇之影響──資源依賴
　　觀點〉，一九九三年中華民國科技管理研討會論文集，中華民國科技管理
　　學會主辦。

程耀輝（民83），〈跨海峽企業生態系中的共同演化與制度同形〉，政大企
　　管所碩士論文。

賴鈺晶（民84），〈生境特性、族群關係與族群生存策略之動態研究──以
　　電影產業為例〉，輔大管研所碩士論文。

鄭恩仁（民85），〈高科技產業群聚現象與共生關係之研究〉，政大企管所
　　碩士論文。

第 10 章　策略規劃的動態觀

Aaker, David A. (1988), *Developing Business Strategies,* New York: J. Wiley &
　　Sons.

D'Aveni, Richard A. (1994), *Hyper-Competition: Managing the Dynamics of
　　Strategic Maneuvering,* New York: The Free Press.

洪一權（民82），〈產業生命週期與合作策略關聯之研究〉，政大企管所碩
　　士論文。

柯顯仁（民85），〈宏碁集團動態競爭策略之研究──策略本質觀點〉，政
　　大科管所碩士論文。

許瓊予（民85），〈從主流設計觀點看產業合作策略之動態演變〉，政大科
　　管所碩士論文。

國家圖書館出版品預行編目資料

策略九說 ： 策略思考的本質 ＝ The nature of the strategy
／吳思華作. -- 三版. -- 臺北市 ： 臉譜出版 ： 城邦
文化發行, 2000〔民89〕
　　面 ； 　公分. -- (FP3004)
　參考書目 ：面
　ISBN 957-469-121-7（精裝）

　1. 企業管理　2. 決策管理

494　　　　　　　　　　　　　　　89011857